日本新建築
SHINKENCHIKU JAPAN
（日语版第93卷7号，2018年7月号）

建筑形态与都市印象

日本株式会社新建筑社编　肖辉等译

主办单位：大连理工大学出版社
主　　编：范　悦（中）　四方裕（日）

编委会成员：
（按姓氏笔画排序）
中方编委：王　昀　吴耀东　陆　伟
茅晓东　钱　强　黄居正
魏立志
国际编委：吉田贤次（日）

出 版 人：金英伟
统　　筹：苗慧珠
责任编辑：邱　丰
封面设计：洪　烘
责任校对：寇思雨

印　　刷：深圳市福威智印刷有限公司
出版发行：大连理工大学出版社
地　　址：辽宁省大连市高新技术产业园区软件园路80号
邮　　编：116023
编辑部电话：86-411-84709075
编辑部传真：86-411-84709035
发行部电话：86-411-84708842
发行部传真：86-411-84701466
邮购部电话：86-411-84708943
网　　址：dutp.dlut.edu.cn

定　　价：人民币98.00元

CONTENTS

日本新建筑
中文版 36

目录

比哈尔博物馆

设计　槙综合策划事务所+Opolis

施工　Larsen & Toubro Construction

所在地　印度　比哈尔邦　巴特那

THE BIHAR MUSEUM

architects: MAKI AND ASSOCIATES IN ASSOCIATION WITH OPOLIS

北侧俯瞰图。印度东部是佛教发祥地，这是一座展示比哈尔邦遗迹和雕塑等珍宝的历史博物馆。2011年国际设计竞赛中，槙综合策划事务所与Opolis被选为该项目的设计者。按照不同的设计主题，将博物馆分为四栋低层建筑（展览楼、儿童博物馆、入口楼、管理楼），每一栋建筑都独具特色

儿童博物馆西侧庭院。照片左侧是儿童博物馆的外墙，赤陶为主要建筑材料。项目用地面积约53 000 m^2，原有树木仍在此郁郁葱葱地生长着

从左侧看向入口楼和儿童博物馆。入口楼的房檐由铝锌合金板材制成，长19 m

博物馆的“建筑群”，继承文化和历史

比哈尔邦位于印度东北部，据说现在是印度最贫困、教育率最低的一个地区。但是，这里是佛教发祥地，传承了古代印度作为世界中心的历史。

比哈尔博物馆建于比哈尔邦首府巴特那，展示此地的遗迹和雕塑，举办各种活动和教育项目，旨在加深人们对历史文化的理解。

该项目用地面向巴特那主要道路，占地面积约53 000 m^2，我们将周围小街区和原有植被所形成的优美环境考虑在内，把多栋建筑与外部空间融为一体，建起一座传统且充满生机的“建筑群”。入口楼·多功能大厅、展览楼、儿童博物馆、管理楼，这些建筑都有其独特的形态，内外回廊与中庭相连，与周围景观融为一体。建筑群矗立于自然之中，炎炎烈日下形成浓厚的阴影，随着季节变化为人们提供各种体验。

建筑外墙大多采用持久性强的耐候钢。在印度的悠久历史中，耐候钢占据重要地位，而铁矿石资源丰富的比哈尔邦在炼铁历史中的地位更是举足轻重。在考虑印度建设技术的同时，慎重考虑耐候钢板在各部位的尺寸和平衡，将分开建立的建筑群整合为一体。

现在，邦政府计划提高比哈尔邦巴特那的文化氛围和教育水平。旨在通过博物馆提供高质量的展览作品和丰富的空间体验，希望比哈尔邦的孩子们以及世界各国的人们都能切实感受到这里的历史和文化。

（Michel van Ackere　长谷川龙友/槙综合策划事务所）

（翻译：李佳泽）

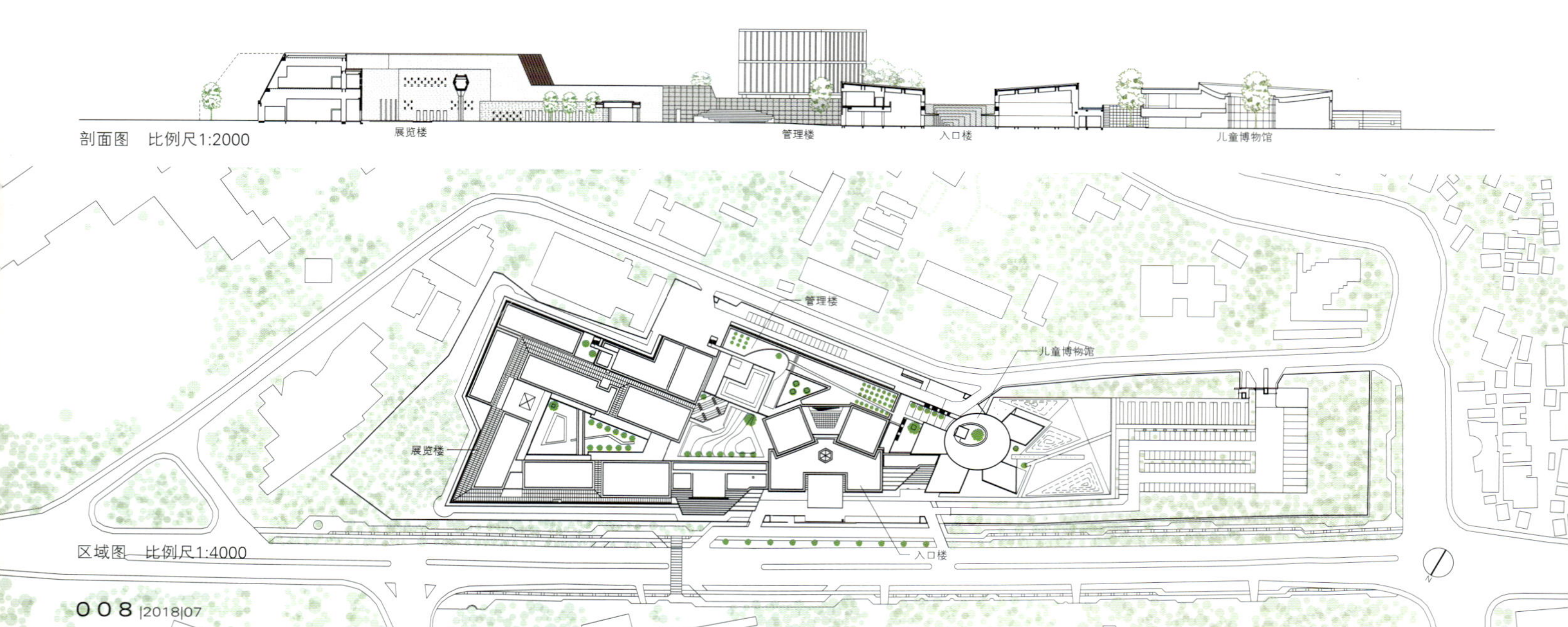

剖面图　比例尺1:2000

区域图　比例尺1:4000

展览楼东侧外观。下方使用深灰色花岗岩，上方使用耐候钢。在印度的炼铁历史中，耐候钢板是一种代表性材料，此次使用总量达800张

西侧停车场视角。圆柱形建筑是儿童博物馆，建筑的外部装饰采用产于印度的白色砂岩。回廊呈环状，其间有赤陶装饰的跑道穿过

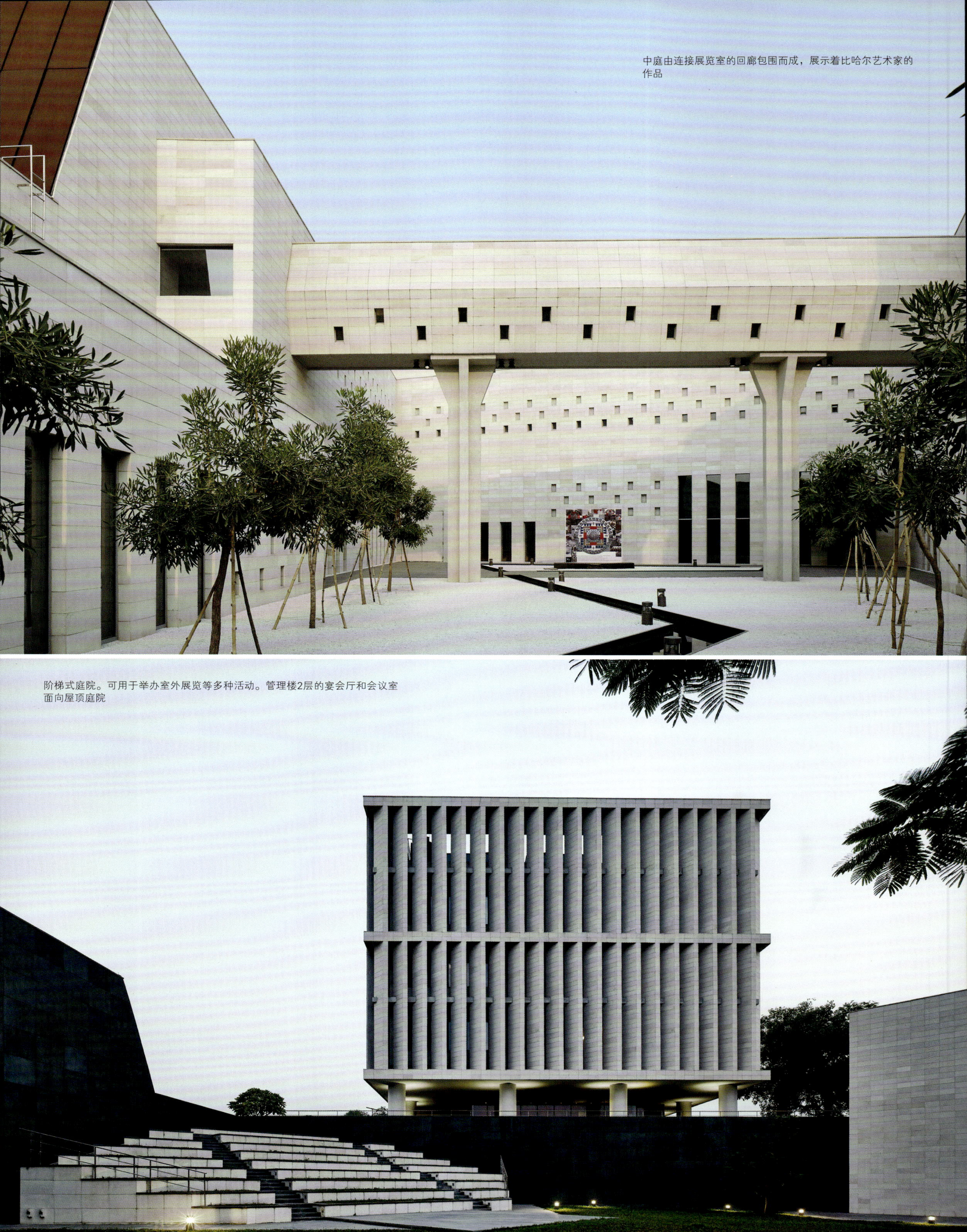

中庭由连接展览室的回廊包围而成，展示着比哈尔艺术家的作品

阶梯式庭院。可用于举办室外展览等多种活动。管理楼2层的宴会厅和会议室面向屋顶庭院

回廊绕着2层的常设展览区，横跨中庭。中庭用白色砂岩装饰

入口大厅设有天窗。顶棚高5400 mm，光线透过顶棚射入，周围中庭的光线引领参观者前行

透视图　比例尺1:3000

休息室东侧回廊

展览室周围的回廊。列柱间隔规律，形成厚重的阴影。开口部一侧为中庭，可以通往回廊

展览用地休息室。顶棚高12 900 mm。
墙面用白色砂岩和柚木板装饰

儿童博物馆。通过临摹作品和小型模型，简洁明了地展现出比哈尔邦的历史文化和自然风光。面向中庭的幕墙装饰着印有图案的陶瓷，使印度强烈的光线变得柔和

建筑利用本土素材和施工技术

随着建筑发展的国际化，建筑的设计、加工、制造以及组装等各个步骤可以在不同的国家或地区进行，实现了细致的分工合作，这些材料经过长途跋涉最终在现场安装。

但是在印度仍然存在一些问题，如施工现场的工人工资比工厂低很多、海外运输材料时的税制问题，因此，与预制装配式建筑的施工方法相比，包括加工在内都在现场进行的施工方法更经济且更常见。在这样的背景下，当前重要的课题在于进一步简化建筑各部分的细节，进一步灵活应对与现场施工人员的合作。该项目的建筑现场设置了用于加工木材和铁、铝等金属的场所。我们在现场制作了各种原尺寸模型，反复探讨如何利用匠人的技术和手中的材料，充分传达这座建筑的设计理念。我们习惯事先在施工图上协调各部分，而当地的一些施工人员却不习惯这种施工方法，因此，与他们合作也出现许多困难。尽管如此，我们还是克服各种困难，与印度建筑师合作实现了建设过程的进一步共享。

关于石头的施工技术，优异的石造建筑传统一直流传到现在，石造门和水景墙的花岗岩等复杂组合事先在工厂加工完成，现场稍微调整，最终获得了预期的施工效果。我们在日本有利用耐候钢建造的经验，该项目融合了印度的施工技术，共使用了800张耐候钢板，我们对钢板尺寸进行精心设计，并严格查看组装情况。锚栓设计得十分精密且具有可调整性，除此之外，设定每块钢板在运输和施工时的最大尺寸，设置50 mm的深层接缝处，使外观形成一种阴影，这种风格十分符合印度特色。钢板在海得拉巴的工厂制造，运送到巴特那靠近项目用地的码头，施工前6个月内，在当地的气候条件下，利用耐候测试方法测定耐候钢板表面稳定性。建筑结合耐候钢板与石头、赤陶，实现与周围自然环境的完美融合。

（Michel van Ackere　长谷川龙友/槇综合策划事务所）

（翻译：李佳泽）

不锈钢屋顶排水管
PC板
着色混凝土 t=50 mm
白色砂岩
耐候钢板 t=9 mm
耐候钢板接缝处50 mm
不锈钢截面排水管
白色砂岩
玻璃砌块
混凝土砌块
PC板
LED顶棚照明
不锈钢屋顶排水管
花岗岩
混凝土砌块
常设展览室
白色砂岩
设备沟
1750　20 450　1400　2400　600

展览室剖面图　比例尺1:120

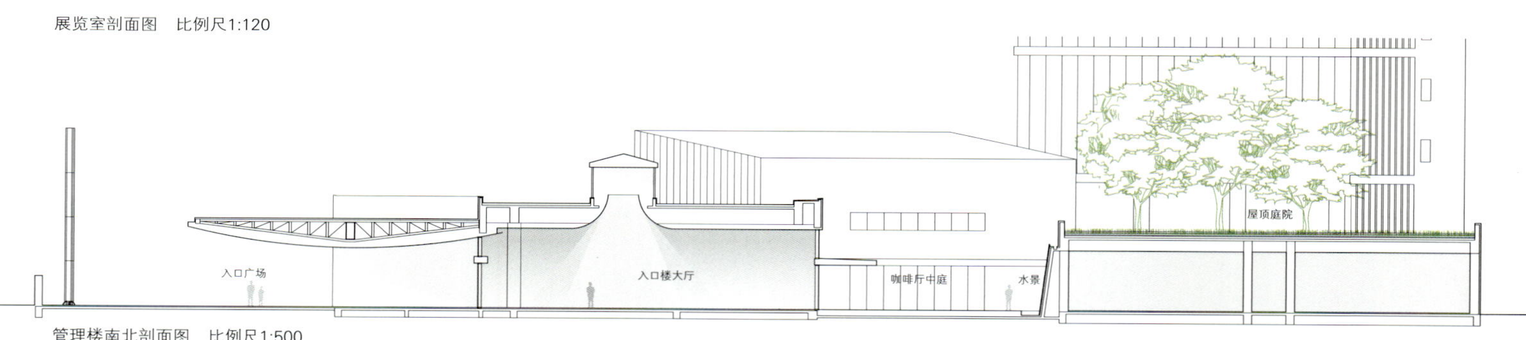

管理楼南北剖面图　比例尺1:500

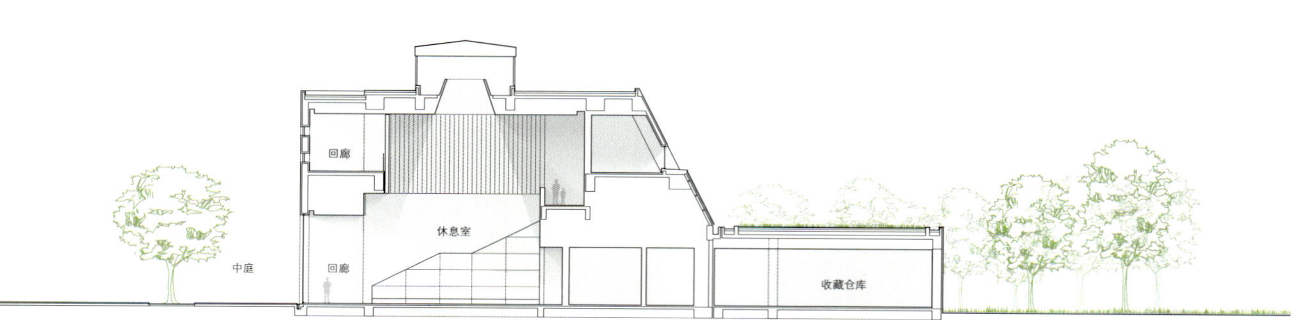

展览楼南北剖面图　比例尺1:500

左上：展览楼北侧外壁。砂岩门尺寸为819 mm × 2130 mm，外置钢筋结构*/右上：耐候钢板1200 mm × 5075 mm，厚9 mm，考虑运输和施工而确定的尺寸*/ 左下：咖啡厅中庭的水景墙面为花岗岩，是将花岗岩加工为块状后层层累积而成*/左中：耐候钢的风化实验情景的*/ 右下：地基的PC板提前准备好锚栓，从下向上一边调整精准度，一边设置板块*

设计：建筑：槙综合策划事务所+Opolis
　　　结构：Mahendra Raj Consultants Limited
　　　（New Delhi）
　　　设备：Design Bureau（Mumbai）
施工：Larsen & Toubro Construction
用地面积：53 480 m^2
建筑面积：19 716 m^2
使用面积：25 410 m^2
层数：地上5层　阁楼1层
结构：钢筋混凝土结构
工期：2013年6月—2017年9月
摄影：Ariel Huber　Lausanne
*图片提供：槙综合策划事务所
（项目说明详见第166页）

南侧俯瞰图*

刀剑博物馆

设计　槙综合策划事务所

施工　户田建设

所在地　东京都墨田区

THE JAPANESE SWORD MUSEUM

architects: MAKI AND ASSOCIATES

东南视角。该项目为刀剑博物馆的搬迁重建项目。刀剑博物馆始建于1968年，最初建在代代木，此次计划将其搬迁到旧安田庭园的一角，打造成“庭园博物馆”。新馆的屋顶为曲面结构，平面由“圆柱形部分”和“两翼部分”组成。这两部分的原浆面混凝土模板各不相同，“两翼部分”为饰面胶合板模板，“圆柱形部分”为杉木模板，不同的设计呈现出不同的质感和形态

南部俯瞰图。屋顶庭园作为休闲区和展望台对游客开放*

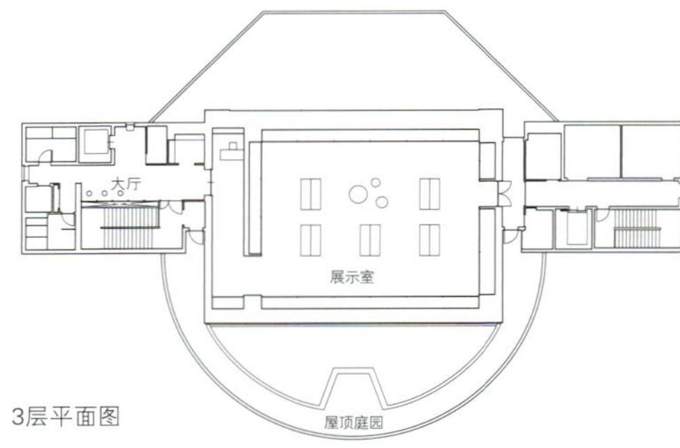

3层平面图

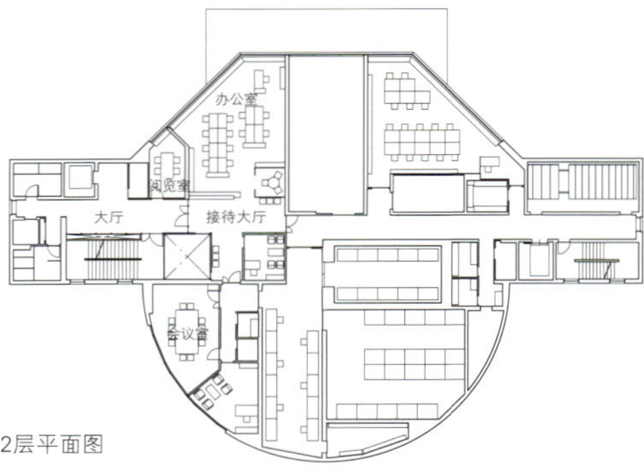

2层平面图

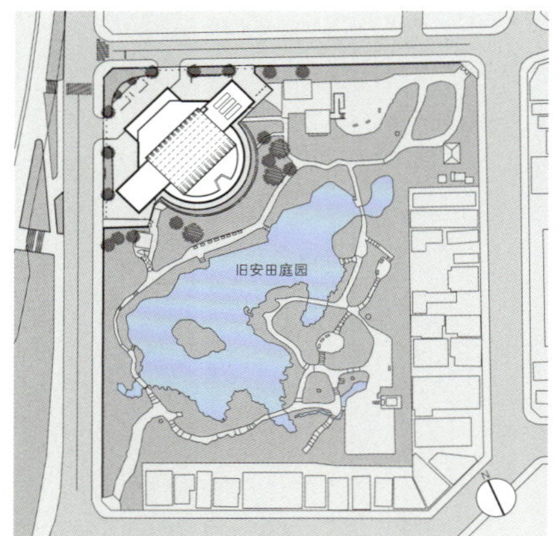

区域图　比例尺1:3000

设计：建筑：槇综合策划事务所
　　　结构：梅泽建筑结构研究所
　　　设计：森村设计
　　　指示牌：矢萩喜从郎建筑计划
施工：户田建设
用地面积：2157.89 m^2
建筑面积：1076.92 m^2
使用面积：2619.93 m^2
层数：地上3层
结构：钢筋混凝土结构　一部分为钢架结构
工期：2016年7月—2017年10月
摄影：日本新建筑社摄影部
*图片提供：户田建设
（项目说明详见第167页）

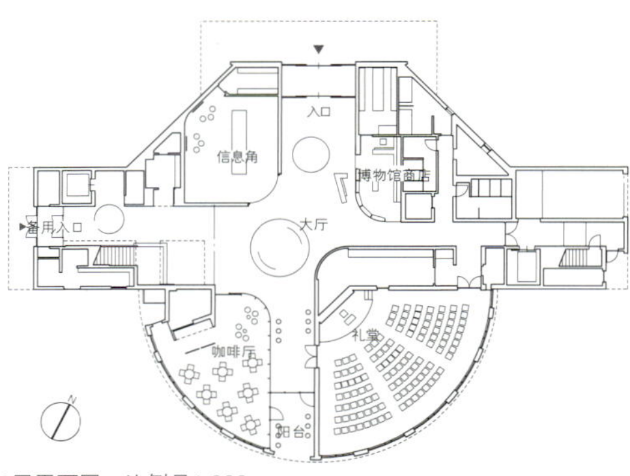

1层平面图　比例尺1:800

北侧入口视角。混凝土大房檐迎接游客的到来，水平方向的连窗部分为事务管理部门

南侧外观。旧安田庭园为墨田区管理的池泉回游式庭园（日本庭园建造形式的一种，以池为中心沿曲折小径可观赏园内各处景致），是东京都指定的庭园胜地。刀剑博物馆面向庭园的1层内设咖啡厅和礼堂

1层礼堂。礼堂可举办技术演讲会和演唱会，是一座多功能礼堂。通过使设计墙只承受轴力，采用壁式混凝土结构，打造面向庭园、视野开阔的礼堂

从1层信息角看向博物馆商店。正面的咨询台由不锈钢和玻璃制成

楼梯扶手采用不锈钢装饰。照明灯为圆形，采用间接照明方式。楼梯与金属粉饰灰泥墙面共同将游客由1层大厅引向3层展示室

从大厅越过咖啡厅看向旧安田庭园。圆形地面部分为“水磨石”，天花板照明灯罩着一层自然褶皱的布，通过间接照明的方式，使光线变得更加柔和

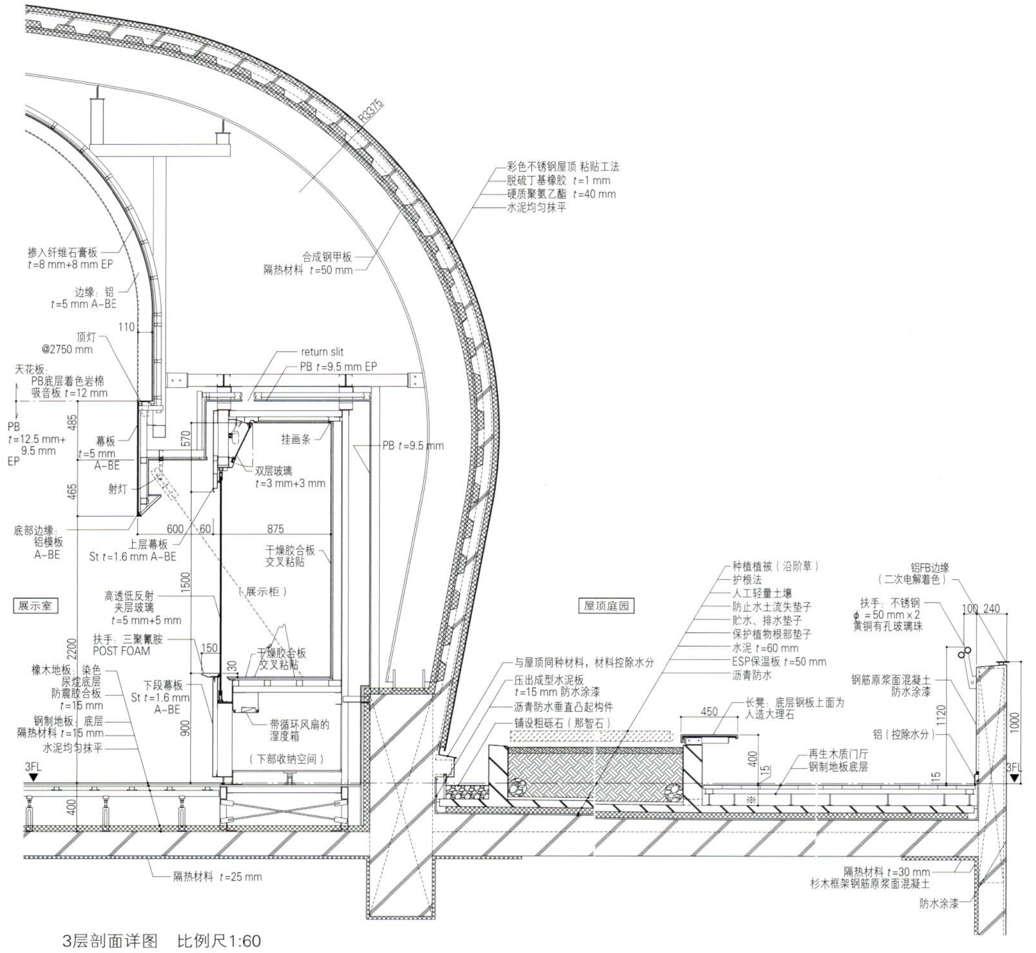

彩色不锈钢屋顶 粘贴工法
脱硫丁基橡胶 t=1 mm
硬质聚氨乙酯 t=40 mm
水泥均匀抹平
R3375
合成钢甲板
隔热材料 t=50 mm
掺入纤维石膏板
t=8 mm+8 mm EP
边缘：铝
t=5 mm A-BE
110
顶灯
@2750 mm
天花板：
PB底层着色岩棉
吸音板 t=12 mm
PB
t=12.5 mm+
9.5 mm
EP
485
幕板
t=5 mm
A-BE
570
return slit
PB t=9.5 mm EP
挂画条
PB t=9.5 mm
双层玻璃
t=3 mm+3 mm
射灯
465
底部边缘：
铝模板
A-BE
600 60
875
上层幕板
St t=1.6 mm A-BE
干燥胶合板
交叉粘贴
展示室
1500
（展示柜）
高透低反射
夹层玻璃
t=5 mm+5 mm
2200
扶手：三聚氰胺
POST FOAM
150
30
干燥胶合板
交叉粘贴
橡木地板：染色
尿烷底层
防震胶合板
t=15 mm
下段幕板
St t=1.6 mm
A-BE
900
钢制地板：底层
隔热材料 t=15 mm
水泥均匀抹平
带循环风扇的
湿度箱
（下部收纳空间）
3FL
400
隔热材料 t=25 mm
屋顶庭园
种植植被（沿阶草）
护根法
人工轻量土壤
防止水土流失垫子
贮水、排水垫子
保护植物根部垫子
水泥 t=60 mm
ESP保温板 t=50 mm
沥青防水
与屋顶同种材料，材料控除水分
压出成型水泥板
t=15 mm 防水涂漆
沥青防水垂直凸起构件
铺设粗砾石（那智石）
450
长凳：底层钢板上面为
人造大理石
400
15
再生木质门厅
钢制地板底层
铝FB边缘
（二次电解着色）
扶手：不锈钢
φ=50 mm×2
黄铜有孔玻璃珠
100 240
钢筋原浆面混凝土
防水涂漆
1120
1000
铝（控除水分）
15
3FL
隔热材料 t=30 mm
杉木框架钢筋原浆面混凝土
防水涂漆

3层剖面详图　比例尺1:60

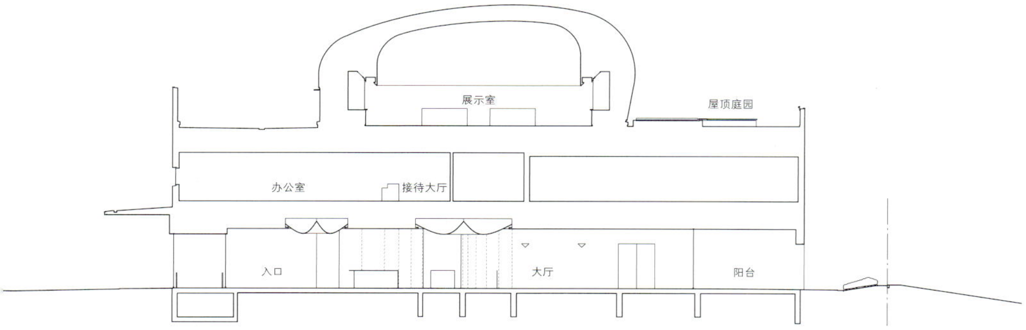

展示室
屋顶庭园
办公室
接待大厅
入口
大厅
阳台

剖面图　比例尺1:400

上：光线柔和的展示室，能够使人专注于观赏日本刀
下：陈列特别订制的短刀、刀鞘的独立展示柜

打造适合观赏日本刀的展示环境

展示日本刀的时候，为了能够凸显刀纹，照明角度往往很低。以往大多是通过在天花板上安装“射灯”，从展示箱外面打光实现的。此次尝试了新的展示方法，打造了日本刀、刀鞘的独特的观赏环境。

曲面天花板展现了展示室的屋顶形状，顶端天花板没有安装照明，墙壁和展示柜安装了独立的照明灯。射灯安装在天花板的里面，这样不会影响观赏者的视线，而且保证了观赏日本刀的最佳照射角度。除此之外，展示室通过采用低反射玻璃，使展示箱的玻璃不会映上光源和器材的影子，提供了清晰的观赏环境。展示室的最高处约5.8 m，虽然空间容积大，但是为了让观赏者的视线集中在刀身上，曲面天花板的下端与地板的距离控制在2.2 m。

为了展示刀纹，展示箱的照明尝试了很多方法

刀剑博物馆的运营机构是“日本美术刀剑保护协会”，该协会从事日本刀美术品的检查、鉴定工作。以往鉴定刀剑时，通常使用光线柔和的白炽灯，查看刀身上的刀纹和材质。新展示室为了更好地展示日本刀，使用了LED照明系统，在LED灯的照耀下，鉴定师可以清晰地看见鉴定部分的特质。

鉴定师以及博物馆的学艺员（根据日本博物馆法在博物馆设置的专门职员）使用展示箱和内部设备的“同尺寸模型”，经过反复检验，确认各处的尺寸，背景装潢的材料和颜色，照明器材（种类、色温、照度、发光特性），以及日本刀的展示方式等。新馆开馆的半年间，游客好评如潮，真正实现了宽敞的观赏空间，营造出最适合观赏日本刀的照明环境。

（伊藤圭／槇综合策划事务所）

丝绸与刀

新馆搬迁到日本两国地区。刀剑博物馆因为建在旧安田庭园的一角，所以计划建成可以游览庭园的“庭园博物馆”。旧安田庭园传说建于元禄年间，位于常陆国笠间藩（今茨城县笠间市），引隅田川的水建造“池泉回游式庭园”，目前由墨田区管理，被指定为东京都名胜。此处曾经建有两国公会堂。公会堂是象征大地震复兴的建筑，圆形主体的顶部为拱形屋顶，外观与众不同，因而受到了人们的喜爱。新建的刀剑博物馆继承了原公会堂的外观设计，主体部分由“圆柱形部分”和“两翼部分”组成，上方的屋顶为曲面形状，营造出宏伟的气势。

建筑用地位于步行街中心的延伸区域，周边实行墨田区的“两国观光城市建设计划”，刀剑博物馆搬迁计划与此呼应，融合庭园风光，结合地区展示馆、名胜古迹，弘扬“武家文化”。在这里，游客可以漫步于小径、庭园中，为方便游客驻足休息，新馆在出入便利的1层设置了咖啡厅、信息角（介绍刀剑和地区信息）、博物馆商店、多功能小厅等。因此，博物馆也可作为散步、休闲的场所，宛如庭园中供人休息的“亭榭”。

该建筑没有采用遵循基本单位的传统设计方案，没有考虑“跨距比例”“模量”等单位，空间的划分是通过墙壁上突起的构件实现的。突起的构件是展示空间的“隔断”，同时还控制光线、温度、湿度、声音环境，也控制光线移动。墙壁灵活运用多样的建筑特性，实现多种用途，通过在展示空间中不设置柱子的方式，凸显展示品。

屋顶的展示空间与拱顶一致，像一个倒扣的“天盖”，将游客包围其中。该空间经过反复实验，确保观赏日本刀的最佳光线。坚硬锋利的刀剑在丝滑的绸缎上展示，带来了美妙的观赏感受。刀剑锋利的金属边缘，与柔软褶皱的照明布形成鲜明对比，曲面玻璃屏、大厅墙壁、圆扩散器、间接照明等各处均采用纹理不同的“柔和设计”。池塘对面的庭园一侧与刀剑博物馆的入口一侧的景观也同样形成对比。风格迥异的建筑物并存，对峙又不失和谐，所到之处皆为独特的设计。

（若月幸敏/槙综合策划事务所）

（翻译：刘鑫）

今后的博物馆

槙文彦（建筑师）

刀剑博物馆咖啡厅

图片提供：日本新建筑社摄影部　其他图片：槙综合策划事务所

场地的联系

本期中位于印度的比哈尔博物馆和位于日本的刀剑博物馆的“地域性”差别极大。首先在用地方面，刀剑博物馆占地2000 m^2，用地面积较小；而比哈尔博物馆的用地面积则是刀剑博物馆的26倍，约53 000 m^2。

刀剑博物馆设在旧安田庭园的一角，计划开通两处新入口，使在庭园中散步的游客可以不经过正门，直接进入博物馆。同时，如果游客从正门入馆，穿过休息角、咖啡厅，也可以来到植物茂盛的庭园。不仅如此，3层展示室的前方还建造了屋顶庭园，游客从屋顶庭园向下望，庭园景观尽收眼底。这些体验全部是免费的，可以说刀剑博物馆的空间构成，最大限度地利用了与著名庭园间的联系。

比哈尔博物馆如何呢？比哈尔博物馆位于比哈尔邦首府巴特那机场附近的主要交通干线上，用地长500 m。该建筑的设计方案是通过公开的国际设计竞赛确定的，于2011年开始。第一次筛选选中了5名国际著名建筑师的方案，随后5名建筑师进行了激烈的讨论。有趣的是，和我们的方案不同的是，其他方案中至少有3个方案都主张在广阔的建筑用地上建造一座雄伟的建筑。而我们的方案是在约53 000 m^2的建筑用地上，设计多个拥有不同功能的建筑体，这些建筑体拥有不同的外观，有的邻近广场，有的包含广场，彼此分散地排列。在阶梯状的阳台上尝试种植茂盛的植物。这样一来，在博物馆前方行走的人们，便可以欣赏到千姿百态的建筑群。另外，共有5个大小、功能都不同的广场，在设计上努力展现各自独特的魅力，特别保护了在日本看不到的高大树木，尽可能不破坏其生长环境。而且，各建筑在设计上不仅深入思考了“由外到内”的景观，同时还考虑了“由内到外”的景观。因此，该博物馆可以说是多样的建筑体的集合。

扩大功能的博物馆

一直以来，博物馆的主要作用是展示陈列物，从历史来看，无论是卢浮宫还是大英博物馆，其目的无疑是展现国家实力，重点展示在殖民地获取的珍贵物品。但是，该现象正在发生改变。多伦多的阿迦汗博物馆不仅拥有充足的满足游客观赏需求的展示室，还有饭店、咖啡厅、图书馆、培训教室、商店等。除此之外，建筑物中央建有中庭，夜间也会对外开放。中庭有时还会举行结婚仪式和颁奖仪式。2018年的“普利兹克建筑奖”得主巴克里希纳·多西的颁奖仪式就在这里举办。也可在礼堂举行颁奖仪式，在中庭举办接待会。

博物馆虽然是文化设施，但同样也需要设计成可以满足各种需求、应对各种场合的多功能空间。博物馆已经不再是只为了展示陈列物，现在更加注重通过各种形式使游客体验艺术。因此，带有体验型功能的博物馆大大吸引了参观者的到来。另外，博物馆还是面向儿童的艺术教育基地，该功能受到了广泛关注。

在比哈尔博物馆中，独立的儿童博物馆与建筑西侧茂盛的庭园融为一体。这里不只作为博物馆使用，同时也用作孩子们的“学习会”的场地和教室。该设施早在2016年就对外开放，据统计当初客流量最多的时候，每天有30 000多名孩子排队进馆参观。像这样，博物馆不仅用于参观，其作为新开放型“艺术社区中心”的功能变得更加重要，这已经成为一种世界性的普遍现象，也成为博物馆的魅力所在。

阿迦汗博物馆就是一个很好的例子，这里是北美最大的收藏伊斯兰美术品的博物馆。除了画廊的一部分和观看活动的观众席，人们可以以中庭为中心，自由地活动。面向中庭，有商店、咨询中心、饭店、咖啡厅、特别展示室、儿童教室等。有时中庭举行艺术相关活动，人们在围绕中庭的大厅里，边喝咖啡边和同伴聊天，享受美好时光。

在此情况下，地区安全成了最大问题。以比哈尔博物馆为例，前几年发生了以孟买泰姬陵为中心的恐怖袭击，印度开始高度重视重要设施的安全。游客如果想在比哈尔博物馆的入口购买门票，需要接受安全检查，之后才可以进入馆内参观。因此，游客在比哈尔博物馆不能像在刀剑博物馆那样自由地出入，也不能在公开的空间通过观看刀剑相关的各种书籍和录像了解文化，享受接触刀剑的乐趣。

左：比哈尔博物馆的咖啡厅庭园/右：入口处排队的人们

深圳海上世界文化艺术中心俯瞰图。大台阶通向屋顶庭园

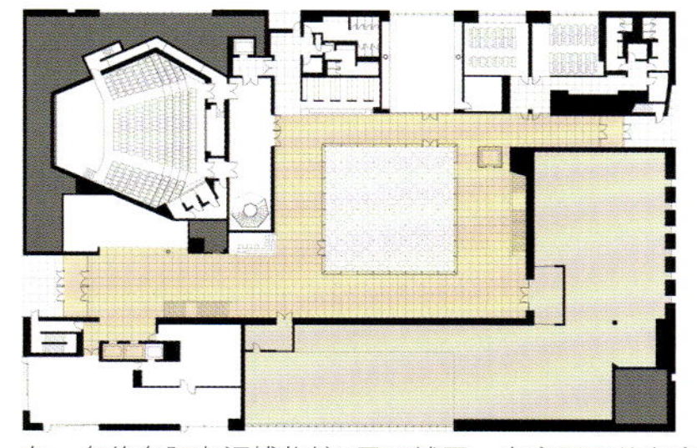

左：多伦多阿迦汗博物馆1层区域图。中庭周围的各房间依次排开/右：中庭视角

深圳海上世界文化艺术中心

2017年12月，我们设计的综合文化设施——深圳海上世界文化艺术中心（以下简称“艺术中心”）在中国深圳迎来了开馆。除了地下停车场和特殊设施外，地上部分的面积将近30 000 m^2。一系列画廊总占地面积超过6000 m^2，是深圳海上世界文化艺术中心的核心功能之一。部分设施由维多利亚和艾尔伯特博物馆出资创立。另外，艺术中心还设立了儿童艺术学校，开设了大家都可以参与的学习会。

整体建筑被茂盛的植物包围，因此被称作“人民之山”。该设施是一座开放型设施，任何人都可以进入。深圳在过去的数年间，快速成长为拥有1200万人口的大都市。艺术中心在12月份开馆后，每天的客流量达到了7000人次，很多游客会带着孩子和家人一起参观，艺术学校和学习会后边的大屏幕上，同步播放小朋友的影像。该艺术中心更是一座多功能综合设施，画廊外边有文化大厅、多功能大厅、宽敞的饭店等，能够满足游客的多种需求。

德国威斯巴登近代美术馆

我们从2018年开始着手德国威斯巴登近代美术馆的设计工作。威斯巴登位于法兰克福郊外，人口约为30万人，这里将建造以战后德国“无具形艺术绘画”为中心，主要展示现代美术的中规模美术馆，项目预计2021年竣工。与阿迦汗博物馆一样，德国威斯巴登近代美术馆以中庭为中心，拥有多种功能。其特点是1层设有带室外大阳台的咖啡厅、大型宽敞门厅、通过透明玻璃可以看到里面的艺术商店，以及朝向室外带小庭院的儿童房间。欧洲多采用“封闭式”设计，当然日本也是如此，但是德国威斯巴登近代美术馆却采用“开放式”设计，美术馆中的设施布置面向街道，在馆中能够看到马路上来来往往的行人。

伦敦阿迦汗中心

2018年夏天，伦敦阿迦汗中心成立了，它是仅次于渥太华、多伦多的阿迦汗财团第三大设施，设立在伦敦的国王十字火车站的一角。该中心以伊斯玛仪派为中心，研究伊斯兰教，是一个学术机构。为了展现伊斯兰文化，阿迦汗中心与阿迦汗博物馆一样，外观虽然现代化，但是内部设计充满浓郁的伊斯兰文化氛围。该设施的最大特点是内部设有7个庭园，这些庭园都体现着浓郁的伊斯兰文化。中央部分的7个通风空间的设计，以及馆内的大量艺术作品，进一步展现了伊斯兰文化。

作为社区中心的博物馆

前面介绍了我们过去设计的以及正在设计的艺术设施，它们分布在印度、日本、中国、德国以及英国。在此，我深刻地体会到，将来世界上只有那些拥有“同一性”的博物馆才会长盛不衰。至少比哈尔博物馆和刀剑博物馆都拥有“同一性”，特别是，比哈尔博物馆通过展示以佛教为中心的大量的雕塑群，回顾中世纪以后到现代的历史，是一座独特的博物馆，目前印度也非常关注文化设施。所有人都知道如果想看蒙娜丽莎的话，要去卢浮宫。但是，现在对艺术感兴趣的人们和艺术之间的关系正在发生动态的变化，像我之前说的那样，艺术不仅仅是“参观对象”，它正在向“体验对象”转化。另外，我们感受到艺术本身在创新。我已经在很多地方说过“艺术的本质是无偿的爱”。正是因为世界各地的博物馆体现了“无偿的爱”，才会受到人们的喜爱，才可能成为当地的交流中心。

深圳海上世界文化艺术中心，绿色草坪上玩耍的孩子们

2图：德国威斯巴登近代美术馆的效果图与模型

川口市环抱之森
赤山历史自然公园　历史自然资料馆·地域物产馆

设计　伊东丰雄建筑设计事务所

施工　东亚·埼和特定建设工程企业联营体（川口市环抱之森）　埼和兴产（赤山历史自然公园　历史自然资料馆·地域物产馆）

所在地　埼玉县川口市

'MEGURI NO MORI' KAWAGUCHI CITY FUNERAL HALL，AKAYAMA HISTORIC NATURE PARK INFORMATION CENTER，REGIONAL PRODUCTS CENTER

architects: TOYO ITO & ASSOCIATES, ARCHITECTS

从北侧公园看向调节池对岸的火葬设施（川口市环抱之森）。火葬设施的屋顶在周围植被的环绕中依稀可见。这是一个将川口市郊外的火葬设施和大型公园、地域物产馆和历史自然资料馆一体化的修建计划。火葬设施的中心为高13m的火葬炉，设有钢筋混凝土的曲面屋顶

从曲面屋顶看向北侧公园。公园深处为农户的田圃。右手方向是历史自然资料馆。落在屋顶的雨水可以通过柱子内部不锈钢雨水管道排放到调节池中，表面进行超速硬化型聚氨酯橡胶防水处理

从休息厅看向北侧调节池。木质幕墙窗框和横梁的设计，可以让人尽情欣赏窗外风景（详见第38页）。摆放的椅子是藤江和子氏的设计作品。因为火葬炉的机械室和道别骨灰收纳室位于建筑物的中央区域，因此将四周设计为宽敞通透的休息空间，可以让前来参加葬礼的人休息、活动。曲面屋顶和柱子无缝连接，实现自然柔和的曲线设计

川口市环抱之森

设计：建筑：伊东丰雄建筑设计事务所
结构：佐佐木睦朗构造计划研究所
设备：综合设备企划
施工：建筑：东亚・埼和特定建设工程企业联合体
空调设备：YAMATO
卫生设备：APEC Engineer Link
电气设备：高山电设工业
火葬炉设备：富士建设工业
用地面积：19 800.32 m^2
建筑面积：5589.87 m^2
使用面积：7885.97 m^2
层数：地下2层　地上1层
结构：钢筋混凝土结构　一部分为钢筋结构
工期：2015年12月—2017年12月
摄影：日本新建筑社摄影部（特别标注除外）
（项目说明详见第168页）

南侧视角。可见田圃的树木以及绵延在屋顶的植物。墙面镶有5种型号的通体砖，屋顶的防水层与通体砖色调保持一致

正面的主入口一景。将屋顶房檐进行超长突出设计，保护棺材和参加葬礼的人不遭受雨淋

从大厅看向休息走廊。两侧为休息室

左：从东南侧道路看向入口处/右：北侧视角。屋顶厚度为200 mm。外围房檐高度为2640 mm～5740 mm。调节池可以承受每小时120 mm的强降雨，由于降雨会导致调节池水面高低不定，设计上确保水不会外流

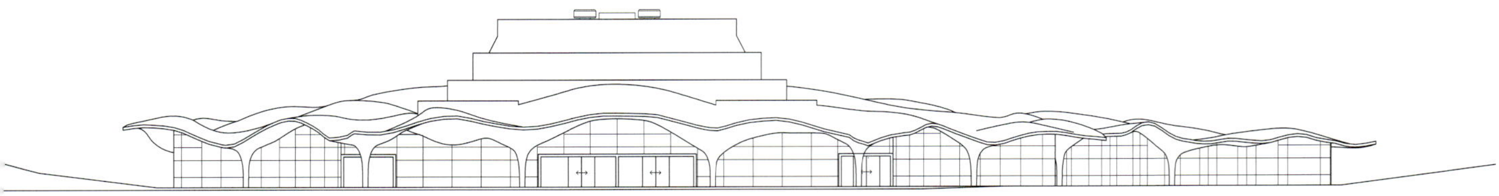

南侧剖面图　比例尺1:600

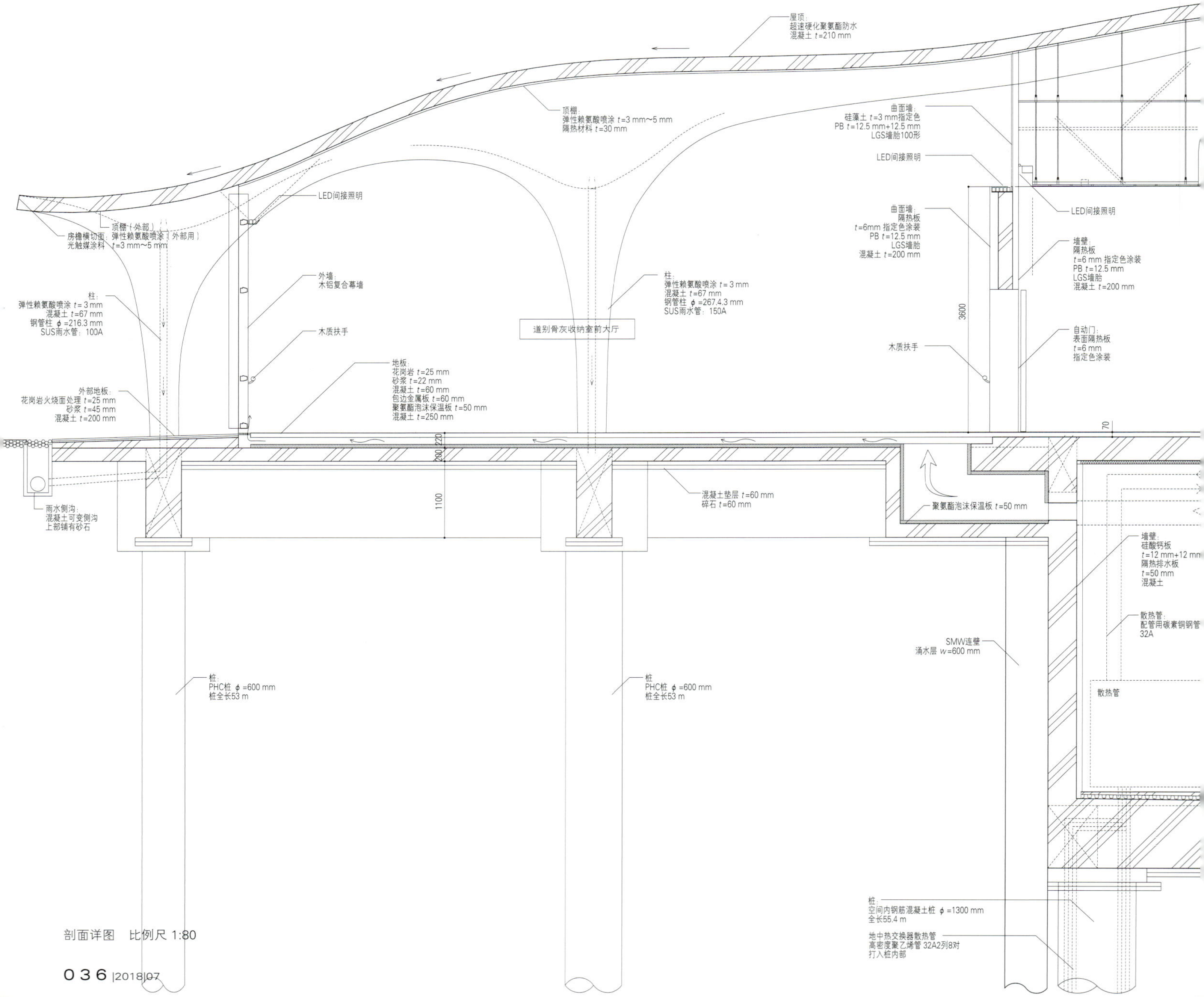

剖面详图　比例尺 1:80

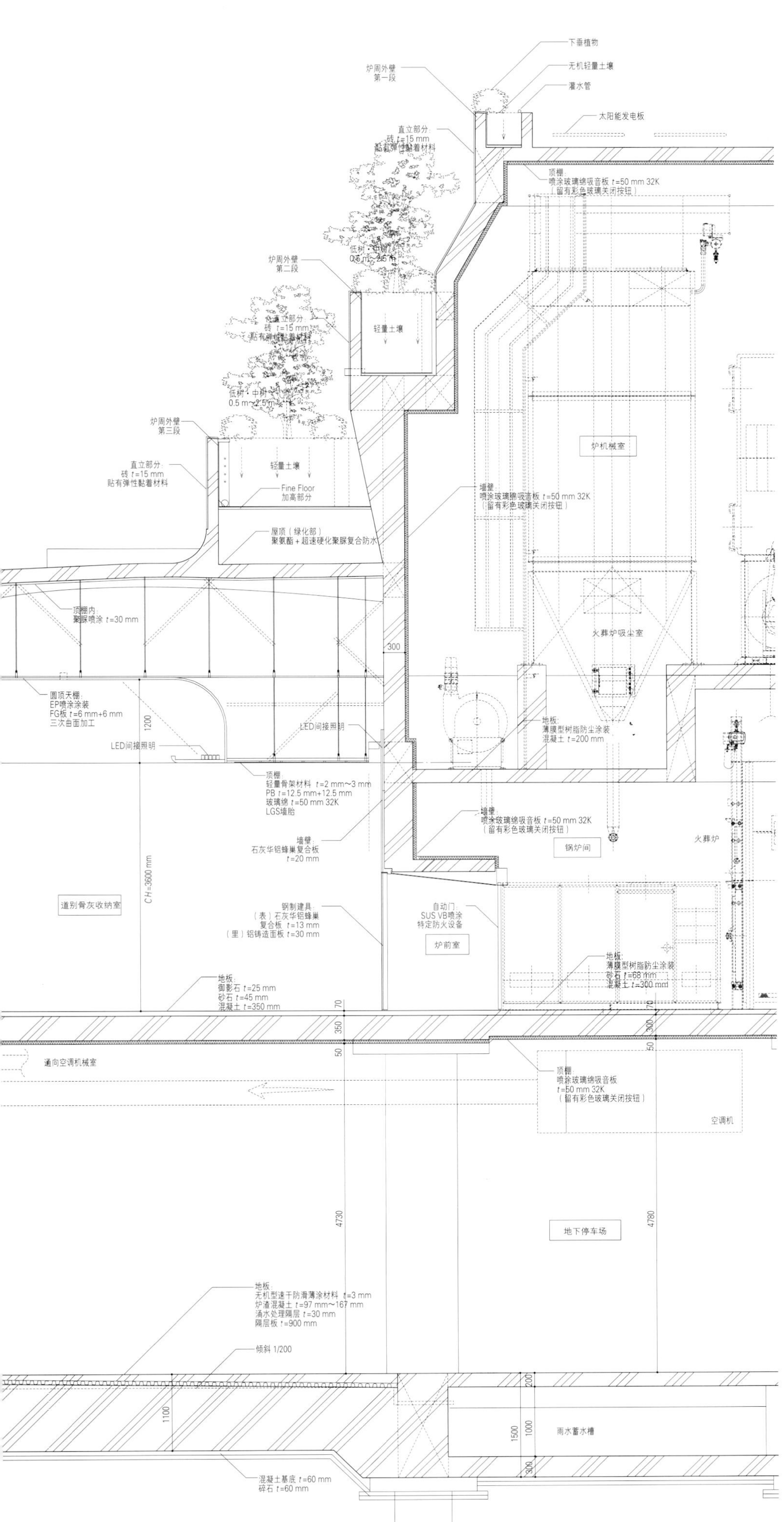

与自然相融的悼念故人的空间

位于川口市郊外的火葬场，周围自然环境优美，与公园进行一体化开发。这里从古代开始就向江户供给盆景树木，周围都是农户的田圃。原本有赤山河流经此地，现在将河边开发为调节池，并以调节池为中心建成了火葬场、历史自然资料馆和地域物产馆。这里的高地和低地相互交错的景象被称为“谷户”，本次设计充分利用这一地形特征，在公园漫步时，各种设施在谷户的山脊和树木之间若隐若现。

现代都市的火葬场曾经被定义为一个形式化的仪式性场所。但是我们想为前来参加葬礼的人打造一个在自然怀抱中悼念逝者、唤醒对逝者的记忆、屏蔽一切杂音的安静空间。这一将建筑与风景相结合的设想和岐阜县各务原市的冥想森林市营斋场有共同之处。各务原市营斋场采用白色屋顶，仿佛是一只从天而降的张开双翅的鸟儿，给人轻松愉悦之感。而我们则是采用给人稳重感的低屋檐的设计方式。

在本次计划中，火葬设施为2层，火葬炉高13 m，占地四周有低层的曲面屋顶环绕，仿佛是浮在水面上的一座座小山包。建筑物的周围和柱子上都有植被，与旁边公园的自然环境相映成趣。

道别骨灰收纳室是与逝者最后道别的房间。这里一个房间配有两个火葬炉，两个火葬炉交互运转，效率很高。

另一方面，火葬炉和道别骨灰收纳室位于建筑物的中心，从入口大厅开始，东西大厅、北侧的休息大厅和休息室前的道路，为前来参加葬礼的人提供一个宽敞的自由活动空间。前来参加葬礼的人隔着木质的幕墙可以看到水边和庭园的美景，平复内心的波澜和悲伤。

大厅的柱子给人从地面拔地而起之感，连接地面和天花板，曲面屋顶设计独特，整个内部空间具有温柔安静的气氛。

（林盛／伊东丰雄建筑设计事务所）

（翻译：崔馨月）

与周围环境一体化的新地形

该建筑物上部构造由三大要素（钢筋混凝土曲面屋顶、带有钢筋混凝土防震墙的刚性结构、钢结构柱）构成。钢筋混凝土曲面屋顶（厚200 mm）运用根据感度解析（预测建模的计算技术）导出的形态设计手法。它以提案的形状为基础，运用力学修正达到结构最优化。防震墙（厚200 mm~400 m）大多位于中央区域和周围休息区域，不仅可以抵抗高强度地震，还可以在垂直荷重时有效分解荷载力。曲面屋顶超长跨度区域设有钢结构承重柱（直径为216.3 mm和267.4 mm，外侧为混凝土）。将设计理念和力学原理相结合设计成曲面形状，再根据这一形状设计结构，使建筑物与周围自然环境相融合。

（木村俊明／佐佐木睦朗构造计划研究所）

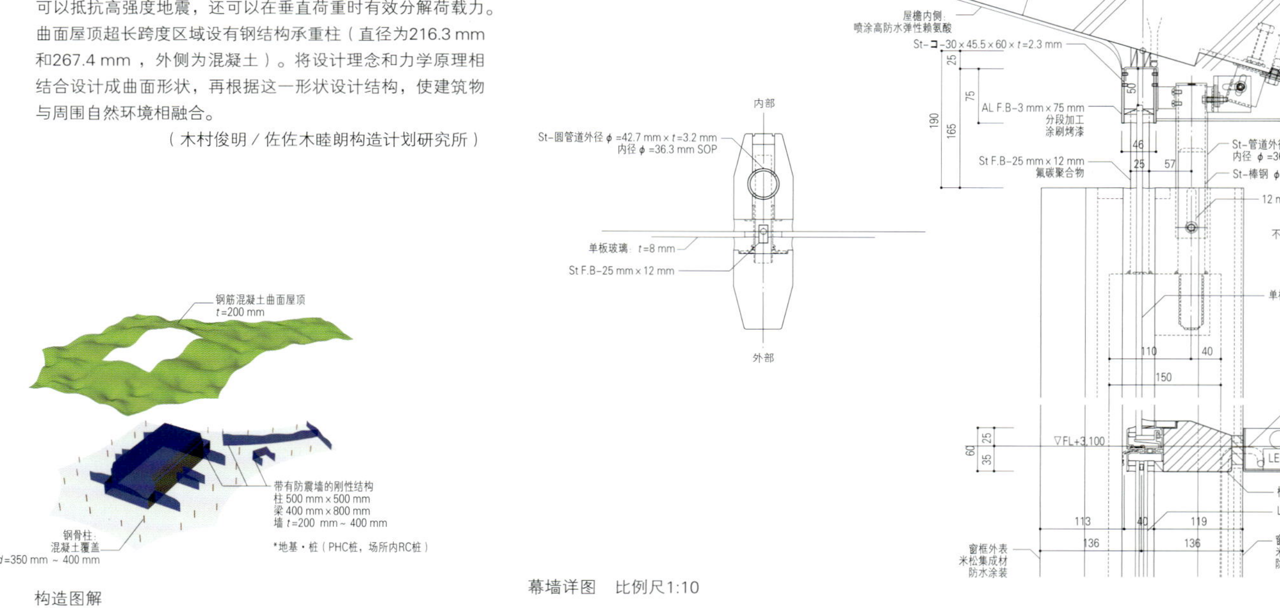

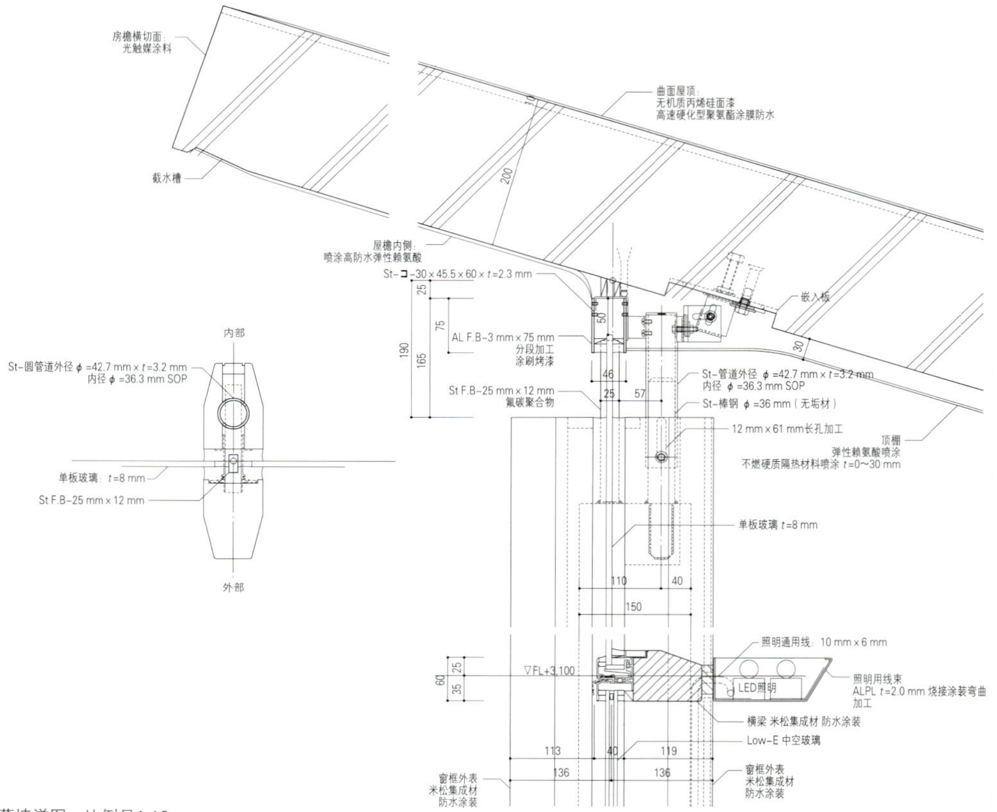

幕墙详图　比例尺1:10

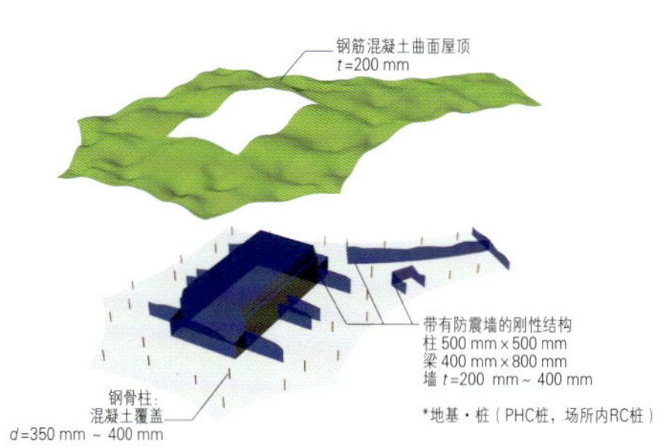

构造图解

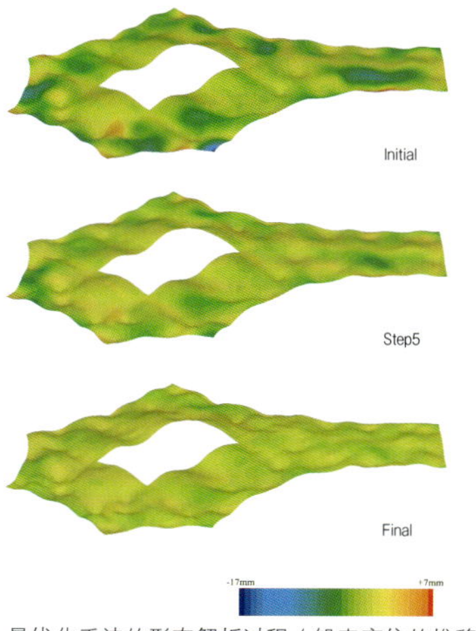

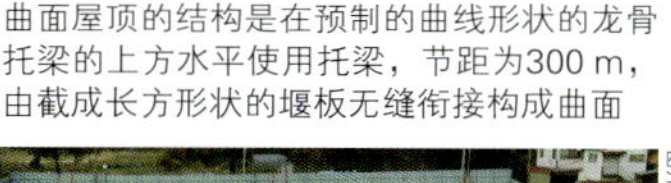

最优化手法的形态解析过程（铅直变位的推移过程）

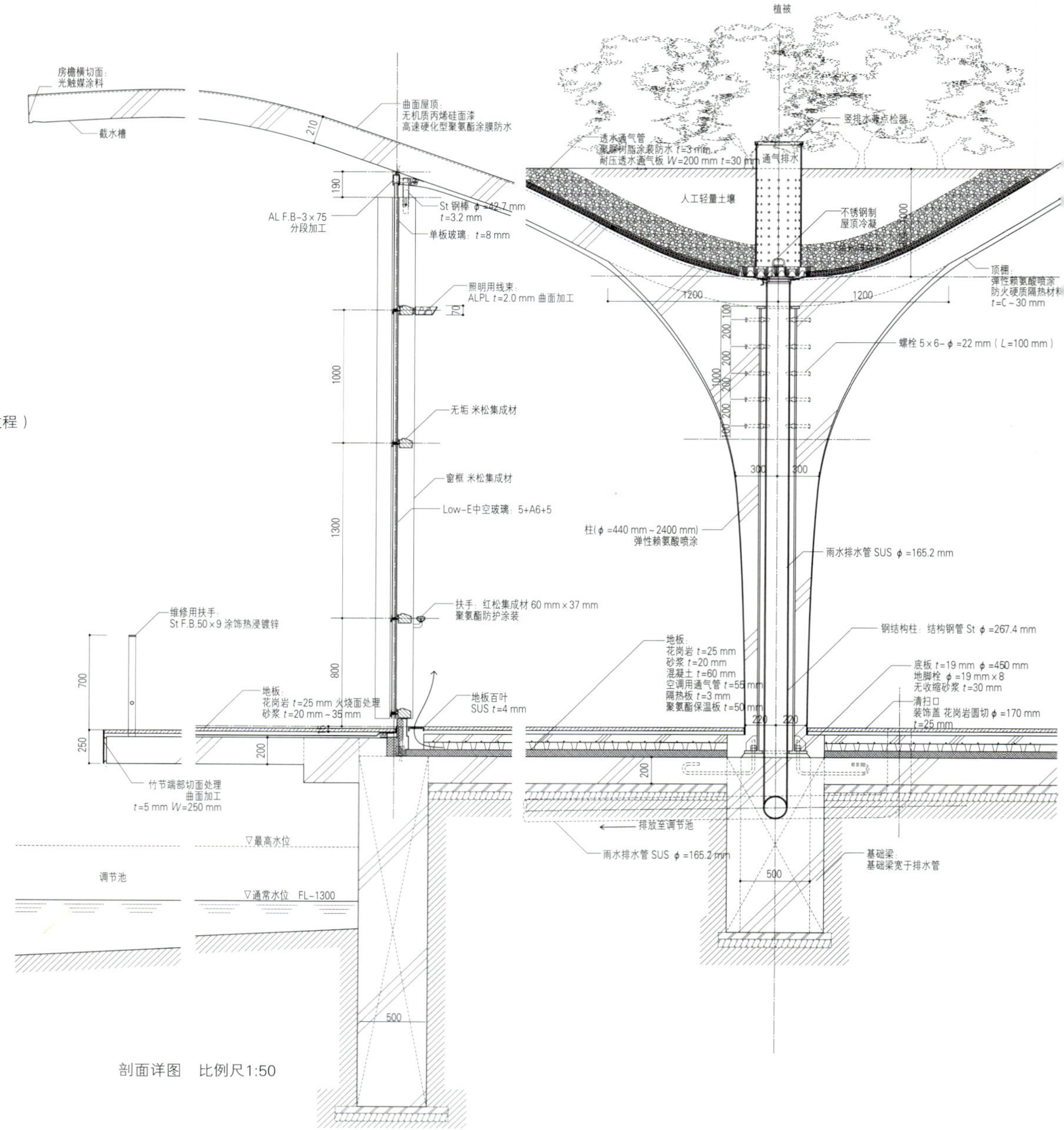

剖面详图　比例尺1:50

曲面屋顶的结构是在预制的曲线形状的龙骨托梁的上方水平使用托梁，节距为300 m，由截成长方形状的堰板无缝衔接构成曲面

从休息室看向池塘。中间有隔断可将此分割成两个空间

1层平面图　比例尺1:600

道别骨灰收纳室。此处道别与骨灰收纳同时进行，通过调节房间的灯光烘托出不同的气氛（上：道别时；下：骨灰收纳时）

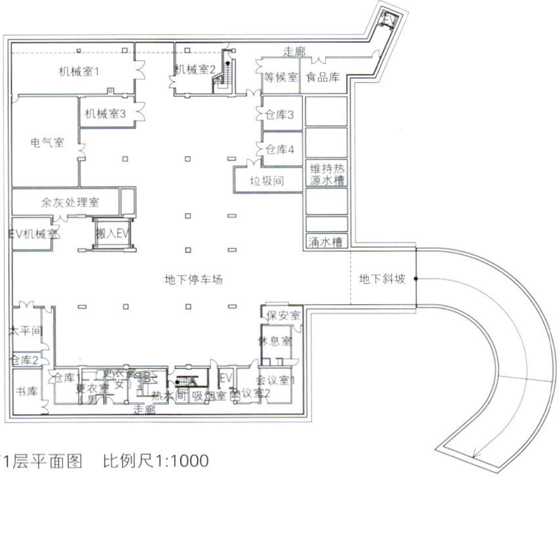

地下1层平面图　比例尺1:1000

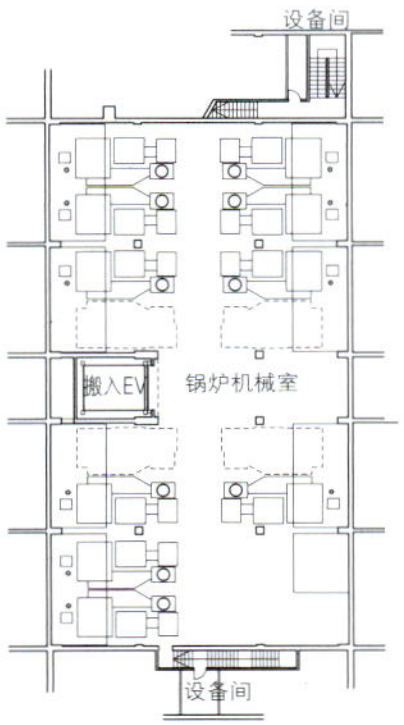

2层平面图

西侧俯瞰图。左下角为地域物产馆，右侧曲面屋顶的是川口市环抱之森，左侧远处是历史自然资料馆。石川干子氏担任景观设计。周围是农家的田圃。计划在旁边建成首都高速公路休息站和农家田圃开放区域。这两项计划将配合公园的整体进度，阶段性开放

区域图　比例尺1:5000

赤山历史自然公园　历史自然资料馆

设计：建筑：伊东丰雄建筑设计事务所
　　　结构：佐佐木睦朗构造计划研究所
　　　设备：综合设备计划
施工：建筑：埼和兴产
机械设备：TOMITA设备工业
电气设备：RYUDEN
展示：丹青社
用地面积：62 147.07 m^2
建筑面积：582.57 m^2
使用面积：483.09 m^2
层数：地上 1 层
主体结构：钢筋结构
工期：2016 年9月—2018年2月

赤山历史自然公园　地域物产馆

设计：建筑：伊东丰雄建筑设计事务所
　　　结构：佐佐木睦朗构造计划研究所
　　　设备：综合设备计划
施工：建筑：埼和兴产
机械设备：梅泽水道
电气设备：剃田电设工事
用地面积：62 147.07 m^2
建筑面积：547.07 m^2
使用面积：406.90 m^2
层数：地上1层
主体结构：混合结构（钢筋混凝土、部分钢结构）
工期：2016年11月—2018年3月
摄影：日本新建筑社摄影部（特别标注除外）
（项目说明详见第168页）

左：从东侧看地域物产馆。PIN柱支撑厚达150 mm的钢筋混凝土大型屋顶。用水泥处理PIN柱和屋顶的连接部分，弱化衔接营造一体化视觉效果/右：从日光休息室看向外面。阳光可从上方柔和地照射进来

地域物产馆平面图　比例尺1:600

地域物产馆平面图　比例尺1:500

上：从西侧看向历史自然资料馆。3栋外形类似住宅的房子通过中间大厅相连/下：历史自然资料馆大厅视角

地域物产馆

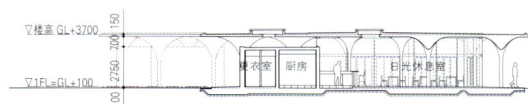

地域物产馆建在一座小山包上，站在这里可以遥望周围的景色。这里有盆景直销所（绿植市场）、咖啡店＋商店（日光休息室）等许多小型空间，空间上方用一片屋顶进行整体覆盖，使建筑达到内部分隔外部统一的效果。室内的柱子不规则分布，将柱子上方的小屋顶设计成莲叶状。每一片莲叶状的小屋顶相连却留有空隙，阳光可以从缝隙间洒落室内。旁边的半开放空间用作盆景的展示贩卖区域，如果举办活动的话，可以同时利用前方的广场、咖啡店、活动空间。这里将配合公园实施整备，预计两年后正式开馆。

历史自然资料馆

在这里，你可以感受到浓厚的历史和文化气息。由三栋住宅造型的房子通过大厅相连组合而成。三栋建筑的外部装饰材料各不相同，用各自的外部装饰材料分别将其命名为“砖之家”“土之家”“木之家”。它们有观赏电视电影作品、举办展览和办公的功能。在大厅可以看到草地广场和远处的池塘。三栋房子中间的两处空地上种有当地的植物，为建筑整体增添色彩。

（山田明子／伊东丰雄建筑设计事务所）

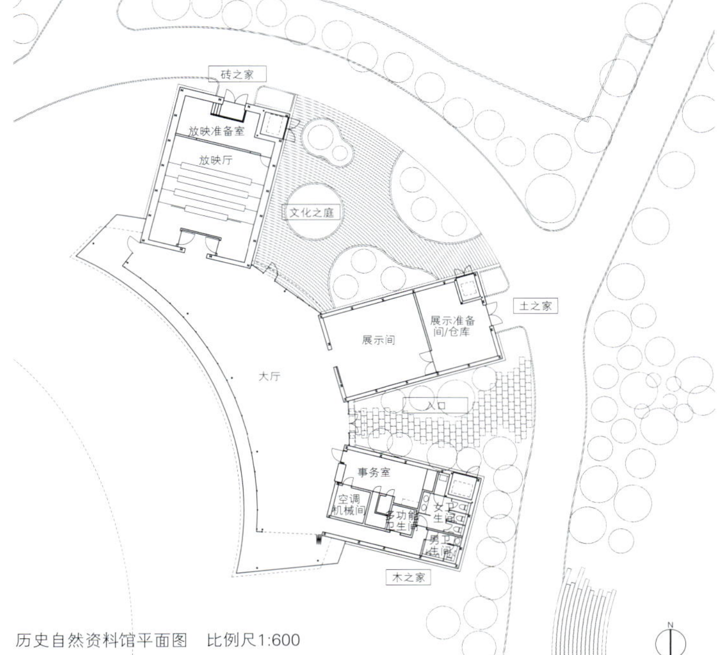

历史自然资料馆平面图　比例尺1:600

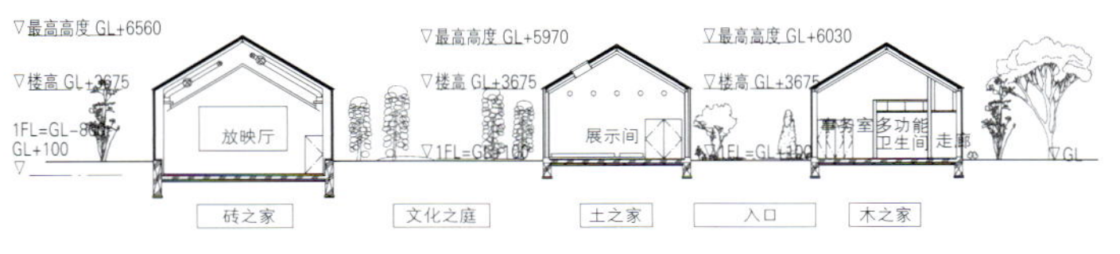

历史自然资料馆剖面图　比例尺1:600

信浓每日新闻松本总部 信每MEDIA GARDEN

设计 伊东丰雄建筑设计事务所

施工 北野建设（协作施工：松本土建、HASHIBATECHNOS）

所在地 长野县松本市

SHINMAI MEDIA GARDEN

architects: TOYO ITO & ASSOCIATES, ARCHITECTS

西侧视角。随着当地新闻社的总部转移、新建，计划在原有办公职能的基础上，建设一处开放的商业设施和交流区域。建筑上半部分利用木格子遮住了正面，下半部分利用玻璃纤维增强混凝土和玻璃制成百叶窗，遮挡住夕阳，能隐约见到内部的景象。面向街道的广场上经常举行庆典和跳蚤市场等活动

西北侧视角。面临本町大道和伊势町大道的交叉口，门口设置一处长达15 m的室外广场

广场视角。从百叶窗的缝隙中可看到内部的活动

咖啡厅看向街头信息局。右手边是广场

非公共的新型公共空间

扎根于当地的新闻社将总部转移到城市中心地带，计划在实现办公职能的基础上，建起一处开放的空间。我们是松本市市民，也是新闻社职员，同时还肩负设计的职责。通过开展研究会，我们开始探讨建筑方案。最终，计划将4层和5层设为新闻社的办公区域；1层至3层设置为商业设施和交流区域，并且向市民和观光客人开放。

1层是新闻社与市民交流的窗口，是一处多功能的活动空间。同时1层的“大厅”亦是市民交流的场所，外廊空间是面向松本市主道，长达15 m的广场，旨在通过开展各种活动，将这里打造成一处文化交流的据点。

3层设有餐厅等商业设施以及可用于会议或轻运动的多功能工作室、围绕食物开展讨论会的厨房等，市民们可以自由利用。西侧整体设置了一个长达5 m的露台，在这里可以眺望广场上举行的活动，欣赏街区的景色，是一处可以放松身心的观景胜地。

上半部分的主立面由木格子构成，可以随着气候变化调节风向和光线。下半部分通过玻璃纤维增强混凝土和玻璃营造出像“芦帘”一般的百叶窗，在遮挡夕阳的强烈光线的同时，通过缝隙将室内的景象传达给外部。

空调的热源利用用地北侧的小河川和丰富的地下水，并计划采用地板辐射冷暖系统，实现节能生活。

对于地方新闻社的办公楼来说，与松本市丰富的自然环境融为一体，形成一块对城市开放的环境，只有这样才能创造新的价值。

（矢吹光代/伊东丰雄建筑设计事务所）

（翻译：李佳泽）

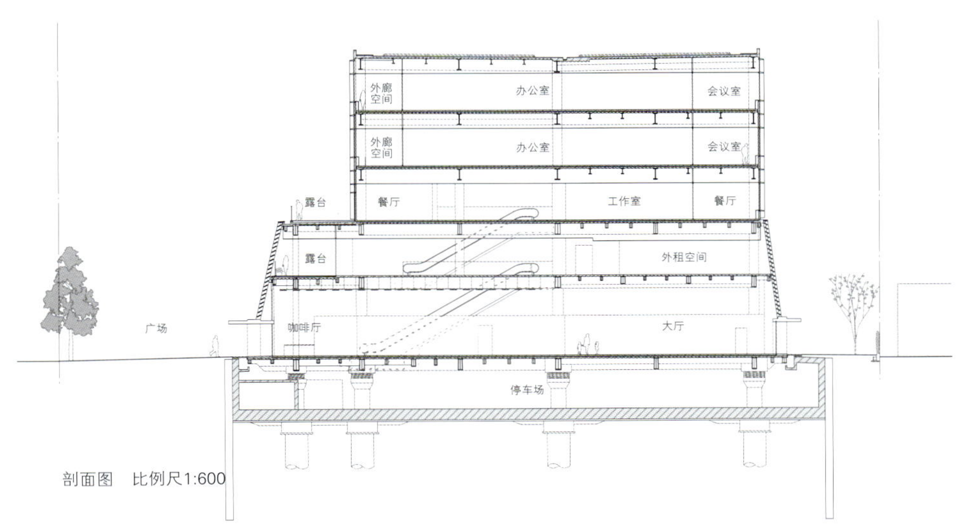

剖面图　比例尺1:600

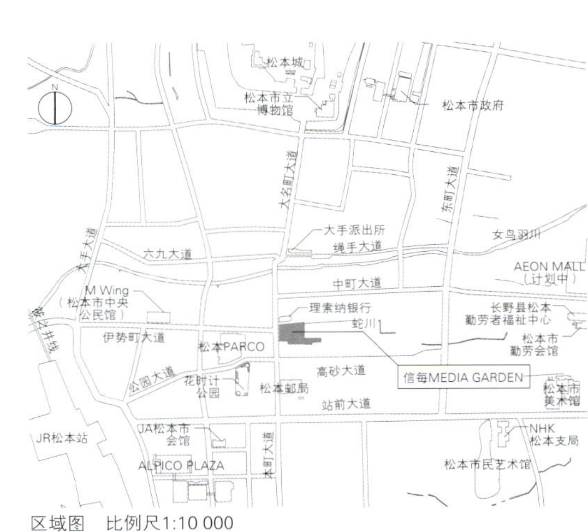

区域图　比例尺1:10 000

大厅看向西门

大厅与城市相连

本町大道与伊势町大道交叉点对面即为该项目的广场。这里有时设置举办节日活动的舞台和高台，有时有街头表演和演唱会，有时撑起帐篷、推出小摊举办跳蚤市场，这些丰富的市民活动将松本这座城市的市民更加紧密地联系起来。

1层设置了可以边喝咖啡边读报纸的咖啡厅、摆有图书和观光手册的书架等设施，这块公共用地利用新闻社的特点，吸引各个年龄段的人们在这里放松身心。

大厅一直延续到东侧，设有大屏幕、放映机、音响设备等，还能根据需要利用遮光窗帘，使舞台转暗。

在讨论会上研究如何让市民一同享受如戏剧、展览、演奏会、电影、公开放映等活动，最后决定不将墙壁包围起来，而是采取开放大厅的形式。

（矢吹光代/伊东丰雄建筑设计事务所）

图片提供 伊东丰雄建筑设计事务所

在广场开展活动的景象

设计：建筑：伊东丰雄建筑设计事务所
结构：佐佐木睦朗构造计划研究所
设备：ES ASSOCIATES
大泷设备事务所
施工：北野建设
用地面积：3930.50 m^2
建筑面积：1556.04 m^2
使用面积：8143.43 m^2
层数：地下1层　地上5层
结构：地上：钢筋结构　CFT结构
地下：钢筋混凝土结构　钢筋铁架混凝土结构
柱顶抗震结构
工期：2016年12月—2018年4月
摄影：日本新建筑社摄影部
（项目说明详见第169页）

西门看向大厅方向。打开横贯东西的大型门窗，形成长约60 m的空间。仅改变天花板的装饰，在大厅顶棚设置电动指挥棒和音响设备。根据场景布置可以随意更改书架的形状，同时书架也可用作长椅。由藤森泰司设计

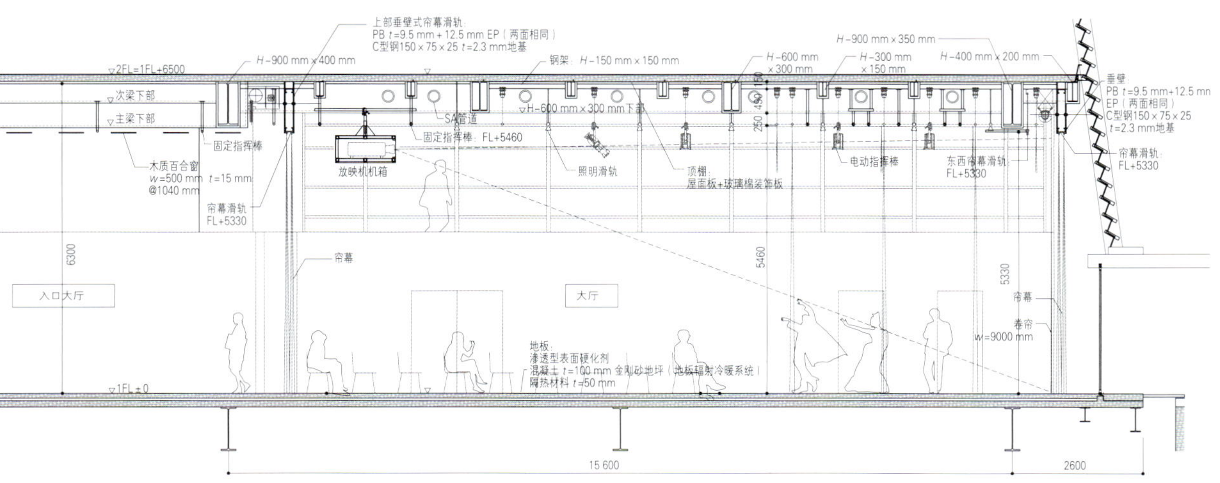

大厅剖面图 比例尺1:150

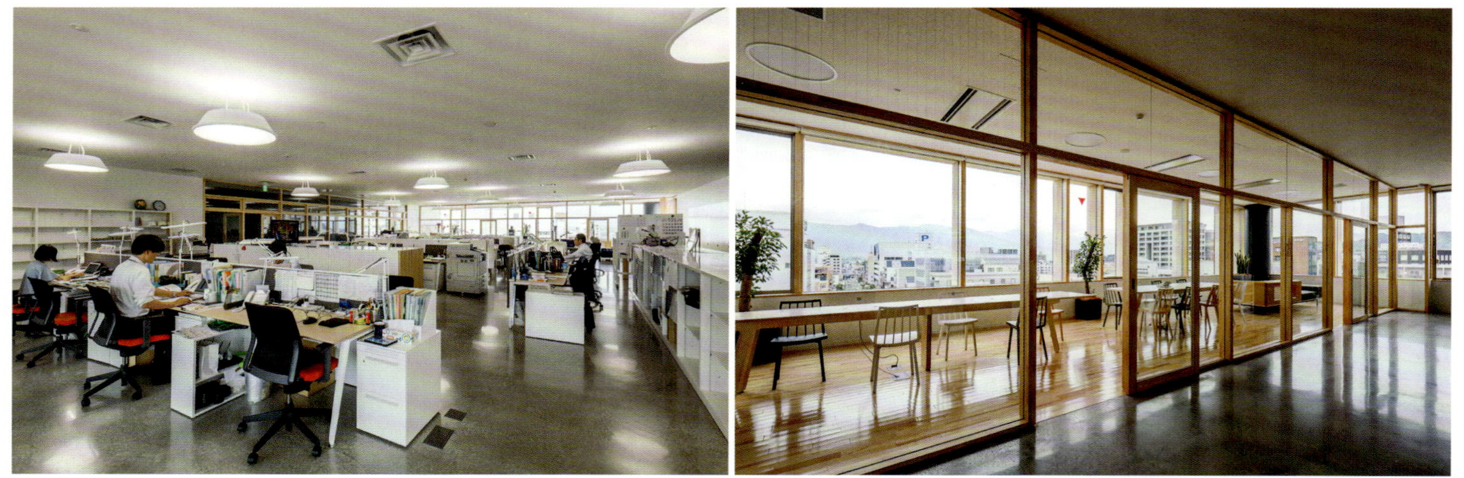

左：4层和5层设为信浓每日新闻社的办公室。照片为4层的1号办公室，可以看到里面的外廊。办公室采用地板辐射冷暖系统/右：设置在办公室窗户处的外廊，用于开会和休息

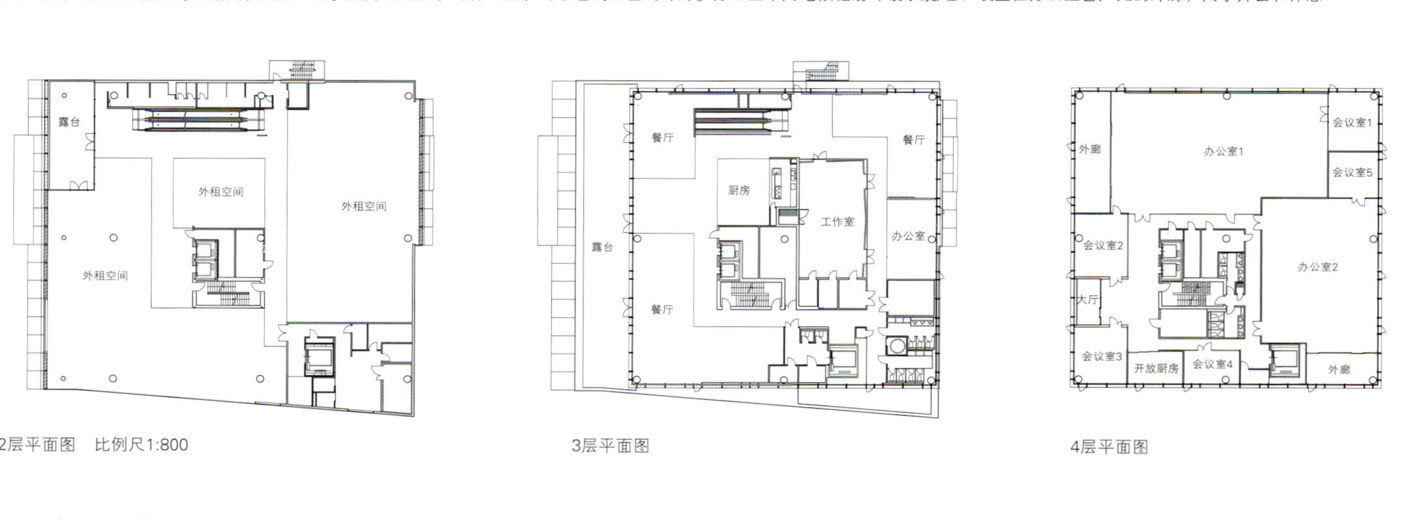

露台
外租空间
外租空间
外租空间

2层平面图　比例尺1:800

餐厅
餐厅
厨房
工作室
办公室
露台
餐厅

3层平面图

会议室1
外廊
办公室1
会议室5
会议室2
办公室2
大厅
会议室3
开放厨房
会议室4
外廊

4层平面图

外租空间
儿童乐园
服务处
大厅
咖啡厅
报纸区
窗帘
舞台背景
展览区
广场
本町大道
外租空间
1700
1700
15 600
31 200
37 000
15 600
1220
4100
500
3850
5250
15 600
15 600
750 1850
2600
42 900

1层平面图　比例尺1:400

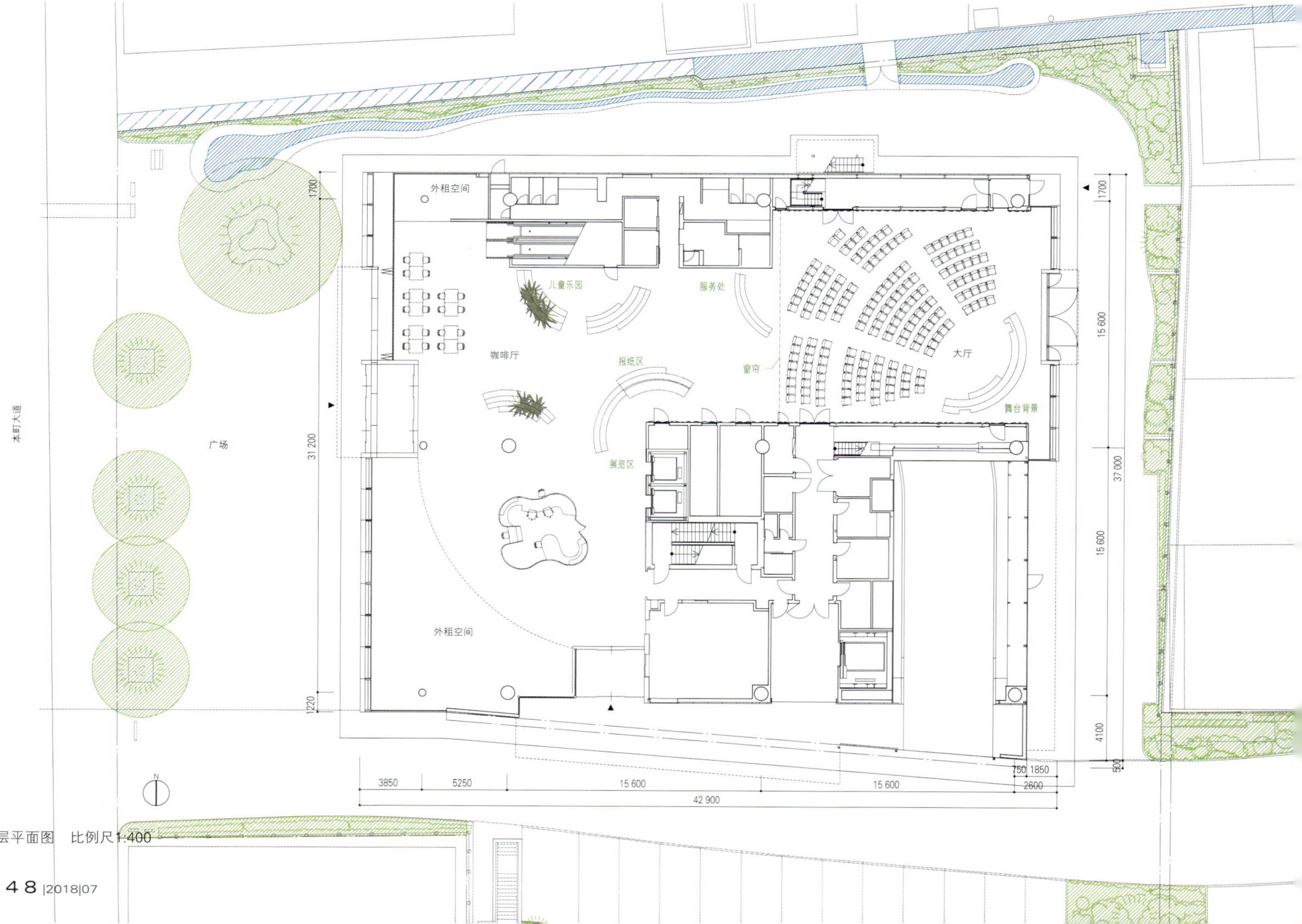

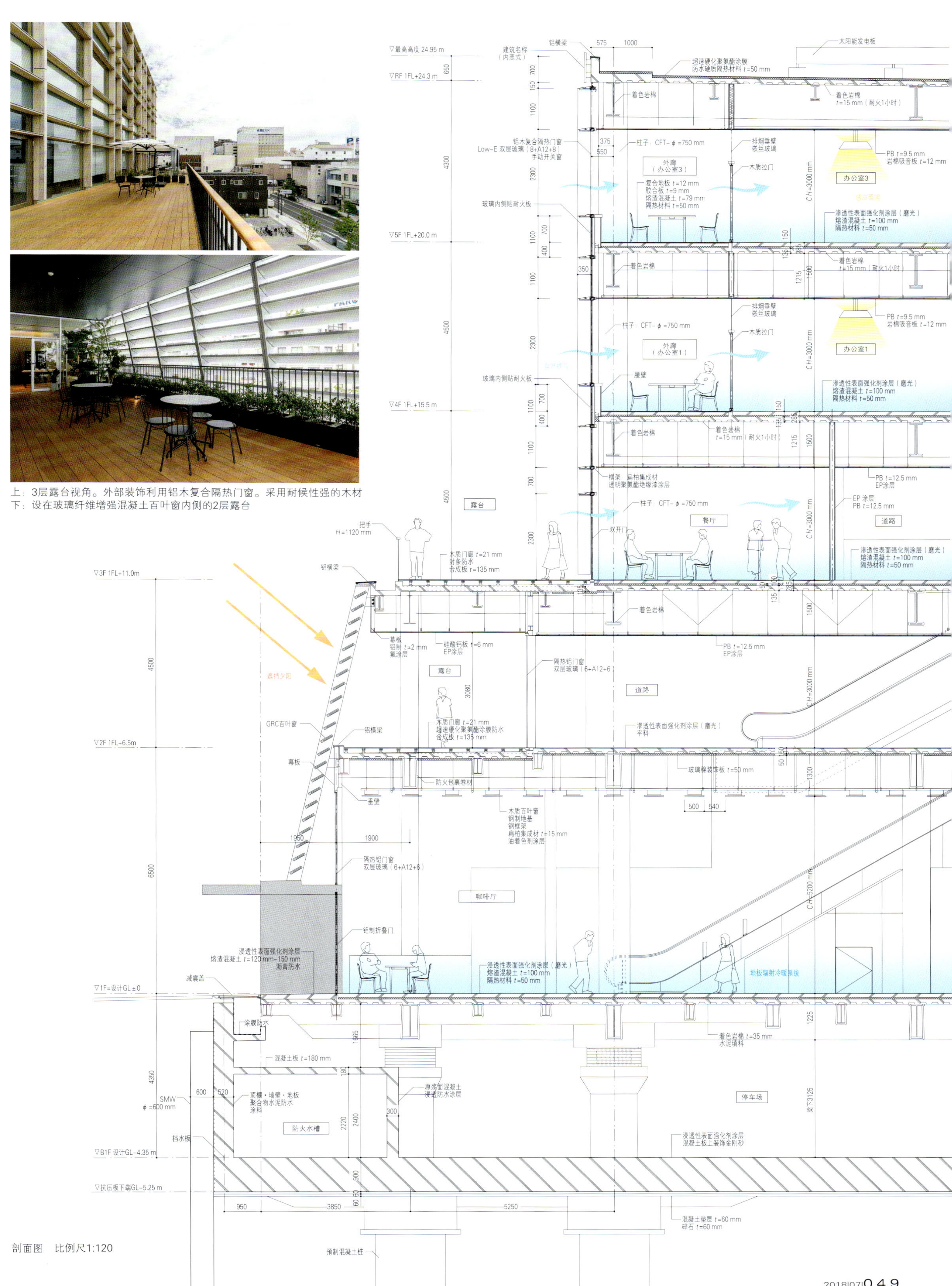

▽最高高度 24.95 m
▽RF 1FL+24.3 m
▽5F 1FL+20.0 m
▽4F 1FL+15.5 m
▽3F 1FL+11.0m
▽2F 1FL+6.5m
▽1F=设计GL ±0
▽B1F 设计GL−4.35 m
▽抗压板下端GL−5.25 m
建筑名称（内照式）
铝横梁
太阳能发电板
超速硬化聚氯酯涂膜
防水硬质隔热材料 t=50 mm
着色岩棉
着色岩棉 t=15 mm（耐火1小时）
铝木复合隔热门窗
Low-E 双层玻璃（8+A12+8）
手动开关窗
柱子：CFT-φ=750 mm
排烟垂壁
嵌丝玻璃
木质拉门
外廊（办公室3）
复合地板 t=12 mm
胶合板 t=9 mm
熔渣混凝土 t=79 mm
隔热材料 t=50 mm
PB t=9.5 mm
岩棉吸音板 t=12 mm
办公室3
渗透性表面强化剂涂层（磨光）
熔渣混凝土 t=100 mm
隔热材料 t=50 mm
玻璃内侧贴耐火板
外廊（办公室1）
腰壁
办公室1
框架：扁柏集成材
透明聚氨酯绝缘漆涂层
PB t=12.5 mm
EP涂层
露台
餐厅
道路
双开门
把手 H=1120 mm
木质门廊 t=21 mm
封条防水
合成板 t=135 mm
幕板
铝制 t=2 mm
氟涂层
硅酸钙板 t=6 mm
EP涂层
隔热铝门窗
双层玻璃（6+A12+6）
GRC百叶窗
木质门廊 t=21 mm
超速硬化聚氨酯涂膜防水
合成板 t=135 mm
渗透性表面强化剂涂层（磨光）
平料
玻璃棉装饰板 t=50 mm
防火包裹卷材
垂壁
木质百叶窗
钢制地基
钢框架
扁柏集成材 t=15 mm
油着色剂涂层
隔热铝门窗
双层玻璃（6+A12+6）
咖啡厅
铝制折叠门
浸透性表面强化剂涂层
熔渣混凝土 t=120 mm~150 mm
沥青防水
减震盖
浸透性表面强化剂涂层（磨光）
熔渣混凝土 t=100 mm
隔热材料 t=50 mm
地板辐射冷暖系统
涂膜防水
混凝土板 t=180 mm
顶楼・墙壁・地板
聚合物水泥防水涂料
防火水槽
原浆面混凝土
浸透防水涂层
着色岩棉 t=35 mm
水泥填料
停车场
SMW φ=600 mm
挡水板
浸透性表面强化剂涂层
混凝土板上装饰金刚砂
混凝土垫层 t=60 mm
碎石 t=60 mm
预制混凝土桩

上：3层露台视角。外部装饰利用铝木复合隔热门窗。采用耐候性强的木材
下：设在玻璃纤维增强混凝土百叶窗内侧的2层露台

剖面图　比例尺1:120

新宿公园塔休息室

设计　LIVING DESIGN CENTER OZONE＋中川ERIKA建筑设计事务所
施工　TOA BUILTEC CO. LTD（建筑）　E&Y（家具）
所在地　东京都新宿区
SHINJUKU PARK TOWER LOUNGE
architects: LIVING DESIGN CENTER OZONE + ERIKA NAKAGAWA OFFICE

新宿公园塔休息室是新宿公园塔的工作人员专用的公共休息室。该休息室将原来小隔间的办公空间改建成面积为530 m^2的一室空间。为了满足人们的不同需求，在房间的不同位置摆放的家具的高度、家具的形状、椅子、照明亮度等各不相同。墙面装饰根据用途和纹理，共分7种类型

オープン時間
変更のご案内
7:00 ～ 20:00
7:00 ～ 17:00
Wi-Fi
使えます
ご利用案内

光斑重叠，打造斑斓的整体空间

新宿公园塔休息室在改造之前，是由多个小隔间组成的办公空间。此次将其改造成公共休息室，专门供在新宿公园塔工作的人员使用。工作人员在休息室改造前没有足够的休息场所，此次改造的目的是给员工提供充足的休息空间，并方便员工间交流、激发员工的工作动力，期待可以成为设计典范，今后能在办公大楼中创造附加价值。休息室的具体用途有以下几种：在日常生活中，由于座位不足，中午有些员工没有地方就餐，休息室为员工提供了就餐区，解决了员工无处就餐的问题；休息室还为员工提供了一个能午睡和放松的场所；还有自由使用的办公地点。在这里，员工们可以在自由的氛围中，进行公开会议或商谈，员工之间还可以轻松地聊天、交流。除此之外，这里还可以作为研讨会、恳谈会、灾害发生时的临时避难场所。因为来这里的人数、停留时间，以及前来的目的等不能确定，所以在改建时打通了隔间，打造了面积为530 m^2的“多功能一室空间”。客人无论在休息室的哪一个角落向外眺望，都能感受到季节的变化和大自然的气息。另外，为了让客人能够适应多功能休息室，设计师通过设计，确保客人可以根据来店时间以及店内状况自由地换座位，即把休息室设计成像“生态系统”那样，各部分之间既相对独立又相互联系，共同组成联动复杂的整体空间。

因此，设计师们没有采用“垂直分区”的设计，而是采用“水平分区”的设计，即通过逐渐分层且自然地连在一起的家具将客人分开的设计方案。同时，“水平分区”没有采用视线分层，而采用了距离分层的方法。“水平分区”中的桌子和椅子都设计得十分宽敞，可以满足客人的临时需求。既有单人座位，又有可容纳5~10人的多人座位，客人在“水平分区”中可以自由移动。高1100 mm的高柜台、730 mm的桌子、430 mm的长椅，以及380 mm的沙发等不同高度的家具混在一起摆放，形成14处不同高度的水平方向的“分区”。休息室可根据不同的情况，提供180~220个座位。除此之外，支撑家具的“家具脚”各式各样。家具根据家具脚分成不同的组合，协调地摆放在一起。休息室一共有12种椅子（现成品），这些椅子的椅面材料多种多样，有的有扶手，有的没扶手，客人坐在椅子上的感受也各不相同。照明的灯光打在桌面上，呈现明暗不同的效果。墙面装饰根据纹路和用途的不同，共分7种。窗外射进的阳光、高高的绿植，以及作为“路标”的吊灯等投射出斑驳的光斑，通过光斑的重叠，营造变化之感，打造出“斑斓的一室空间”。

休息室的设计初衷是人们可以根据自己的喜好，选择喜欢的分区。比如，如果想休息一会，可以来到光线柔和的休息区。如果需要洽谈，可以到光线明亮的商谈区。一个人休息的话，可以在宽敞的椅子上休息。四个人的话，可以选择能够围坐在一起的桌子。另外，如果碰上人多的时候，大家可以选择坐在这里或者那里。光打在人的身上形成了一个个“光斑”，令“斑斓的空间”更加复杂化，一个个光斑从设计图上散落，精致、灵动、瞬间即逝。

这些微小且变化的光斑，组成了斑斓的室内空间。新宿公园塔休息室与“封闭的”的一室空间不同，休息室的各分区之间相对独立又相互联系。正因如此，休息室不同于没有分区、完全一样的空间，它的各分区拥有不同的风格。在这里，能够唤起“流动”的感觉。

（中川ERIKA）

（翻译：刘鑫）

左：高1100 mm的柜台。桌脚由铁和木头两种材料制成，通过桌脚的构造和形状，形成一个组合/右：前方是高730 mm的桌子和高430 mm的长椅。桌板下安装了可以放置东西的搁板，搁板可以防止桌子晃动，也可用作脚踏板

WORKPLACE

顾客评价如何？

应对社会变化，创造新价值的办公空间

江口孝郎（东京燃气城市开发不动产销售部二组经理）

新宿公园塔于1994年竣工，至今已有24年。在新宿公园塔工作的人，目前已经超过了1万人。为了给工作人员提供舒适且安全的环境，新宿公园塔除了改善日常的经营，还计划推进设备和设施的更新换代。新宿公园塔一直重视“以顾客为导向”的价值观。因此，新宿公园塔将大厦商业规章中的“全心服务”和“更新与创造价值”等规章贴在柱子上，努力释放新宿公园塔的资源魅力（资源魅力包括建筑物本身的价值和“一条街”概念下的建筑结构等）。

具体措施如下：在新宿车站间运营公交车和出租车、向进驻企业出租会议室、更新应急发电机器等。通过上述措施，强化业务的连续性，即在突发事件面前能够迅速做出反应，以确保关键业务功能可以继续。这些措施均通过小的改善，追求新的价值，同时又不影响大厦整体，成为大厦的重要组成部分。此次改造旨在打造“充实员工的休息时间，灵活应对多样的交流和工作方式”的空间。具体来说，LIVING DESIGN CENTER OZONE与中川ERIKA建筑设计事务所联合设计，不单单扩大午餐就餐区，还期待新设计能够创造更多的价值。比如，举办各种会议和开幕式活动、充当临时避难场所等。

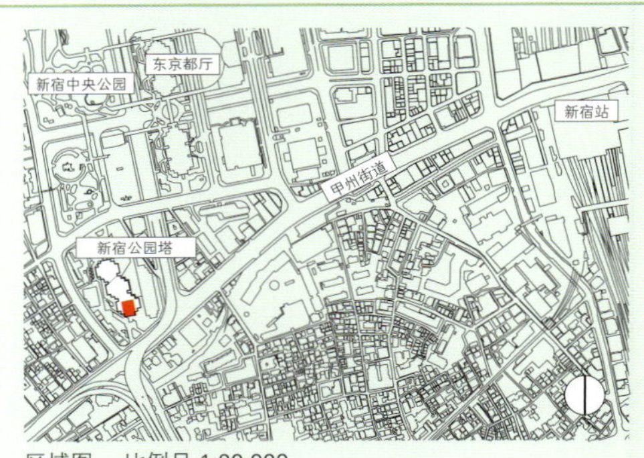

区域图　比例尺 1:20 000

关于设施的名称，由于该设施可以满足不同人群的不同需求，综合各观点，最终将其命名为“新宿公园塔休息室”。

设计：建筑：LIVING DESIGN CENTER OZONE+中川ERIKA建筑设计事务所
结构：小西泰孝建筑结构设计
施工：建筑：TOA BUILTEC CO. LTD
家具：E&Y
改造面积：531.69 m^2
工期：2018年1—3月
摄影：日本新建筑社摄影部（特别标注除外）
（项目说明详见第170页）

研讨会区看向休息区。融入周围景观的开放式一室空间，通过照明灯放射出光斑，使同一桌面上呈现出明暗不同的效果。没有通过“隔断”的方式划分空间，而是采用“水平分区”的方法，即通过远近距离所带来的平缓的高度差，划分空间

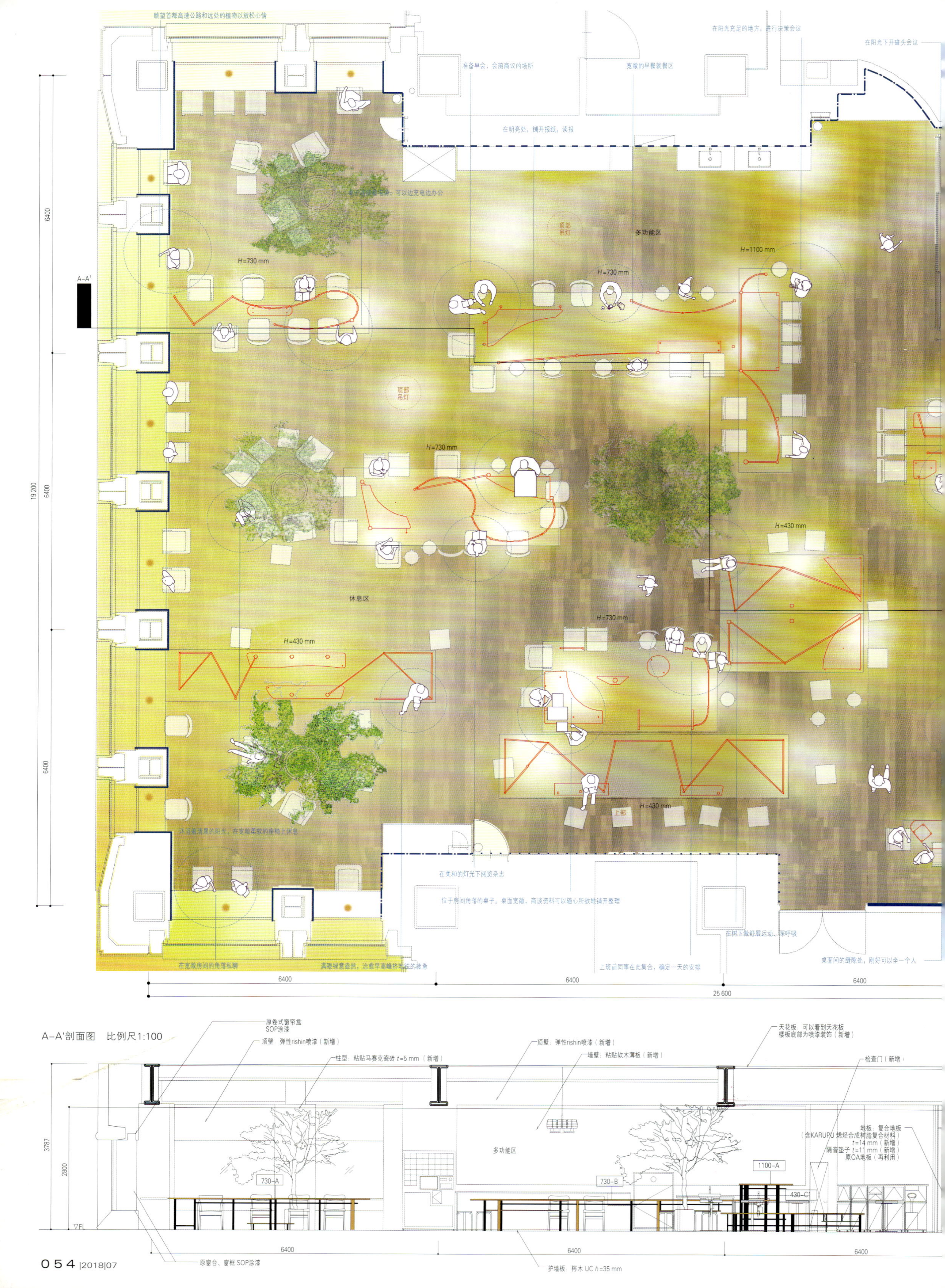

眺望首都高速公路和远处的植物以放松心情
准备早会，会前商议的场所
宽敞的早餐就餐区
在阳光充足的地方，进行决策会议
在阳光下开碰头会议
在明亮处，铺开报纸，读报
可以边充电边办公
顶部吊灯
多功能区
H=730 mm
H=1100 mm
H=430 mm
休息区
上部
A–A'
6400
19 200
沐浴着清晨的阳光，在宽敞柔软的座椅上休息
在柔和的灯光下阅览杂志
位于房间角落的桌子。桌面宽敞，商谈资料可以随心所欲地铺开整理
在树下做舒展运动、深呼吸
在宽敞房间的角落私聊
满眼绿意盎然，治愈早高峰挤地铁的疲惫
上班前同事在此集合，确定一天的安排
桌面间的缝隙处，刚好可以坐一个人
25 600
原卷式窗帘盒
SOP涂漆
顶壁：弹性rishin喷漆（新增）
柱型：粘贴马赛克瓷砖 t=5 mm（新增）
墙壁：粘贴软木薄板（新增）
天花板：可以看到天花板
楼板底部为喷漆装饰（新增）
检查门（新增）
地板：复合地板
（含KARUPU 烯烃合成树脂复合材料）
t=14 mm（新增）
隔音垫子 t=11 mm（新增）
原OA地板（再利用）
3787
2800
730–A
730–B
1100–A
430–C1
▽FL
原窗台、窗框 SOP涂漆
护墙板：桦木 UC h=35 mm

A–A'剖面图　比例尺1:100

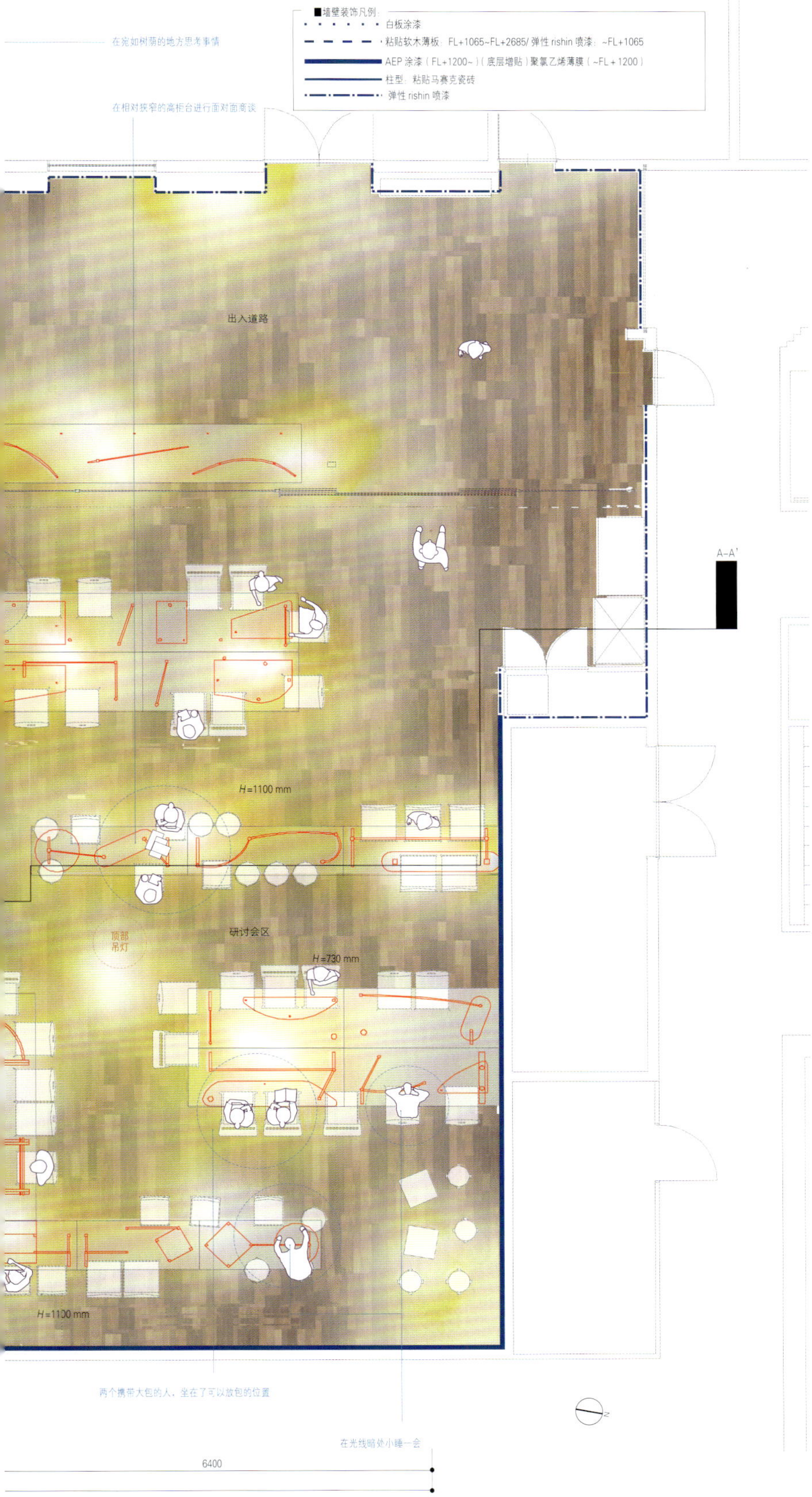

■墙壁装饰凡例：
白板涂漆
粘贴软木薄板：FL+1065~FL+2685/ 弹性 rishin 喷漆：~FL+1065
AEP 涂漆（FL+1200~）（底层增贴）聚氯乙烯薄膜（~FL + 1200）
柱型：粘贴马赛克瓷砖
弹性 rishin 喷漆

在宛如树荫的地方思考事情
在相对狭窄的高柜台进行面对面商谈
出入道路
A–A'
H=1100 mm
顶部吊灯
研讨会区
H=730 mm
H=1100 mm
两个携带大包的人，坐在了可以放包的位置
在光线暗处小睡一会
6400

活动平面图（上午8点） 比例尺1:100

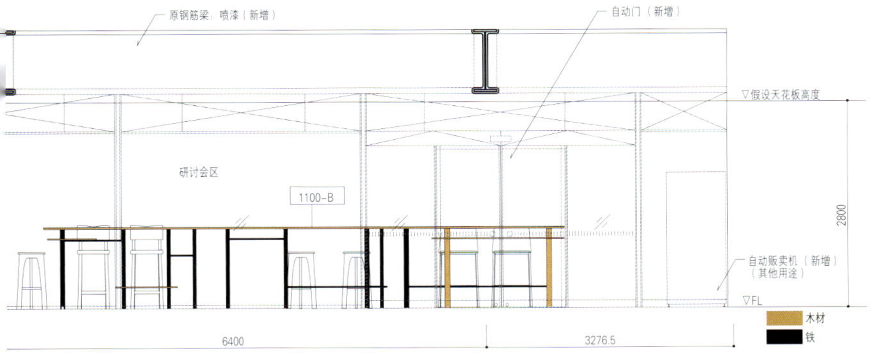

原钢筋梁：喷漆（新增）
自动门（新增）
▽假设天花板高度
研讨会区
1100–B
2800
自动贩卖机（新增）（其他用途）
▽FL
6400
3276.5
木材
铁

上午，享受单人时光的人们，以南侧阳光充足的地点为中心，彼此之间保持一定距离，零散地坐着

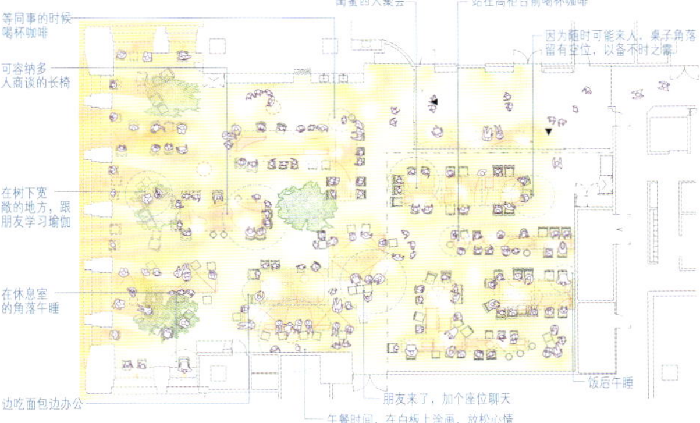
闺蜜四人聚会
站在高柜台前喝杯咖啡
等同事的时候喝杯咖啡
因为随时可能来人，桌子角落留有空位，以备不时之需
可容纳多人商谈的长椅
在树下宽敞的地方，跟朋友学习瑜伽
在休息室的角落午睡
饭后午睡
朋友来了，加个座位聊天
边吃面包边办公
午餐时间，在白板上涂画，放松心情
活动图（中午12点） 比例尺1:500

午餐时间。人们既可以选择在狭窄的高柜台前面对面地就餐，也可以选择围坐在宽敞的桌子周围。人们可以根据人际关系，调整彼此的距离

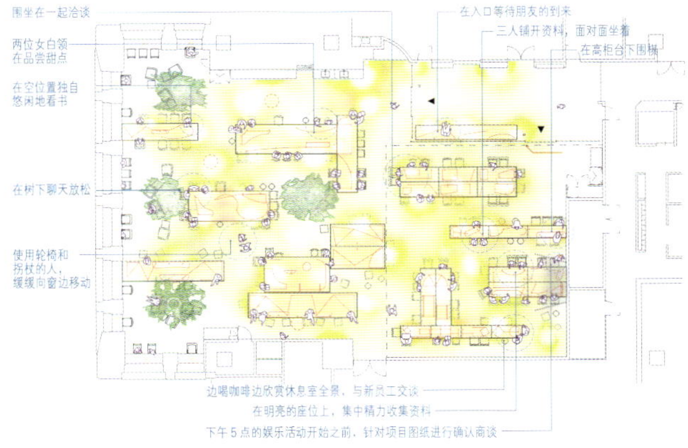
围坐在一起洽谈
在入口等待朋友的到来
三人铺开资料，面对面坐着
两位女白领在品尝甜点
在高柜台下围棋
在空位置独自悠闲地看书
在树下聊天放松
使用轮椅和拐杖的人，缓缓向窗边移动
边喝咖啡边欣赏休息室全景，与新员工交谈
在明亮的座位上，集中精力收集资料
下午 5 点的娱乐活动开始之前，针对项目图纸进行确认商谈
活动图（下午4点） 比例尺1:500

下午，室外阳光变弱，通过调节照明灯的亮度，在桌面上呈现出光斑。客人可以在暗处休息，在明亮处工作，同一桌面可以满足客人的不同需求

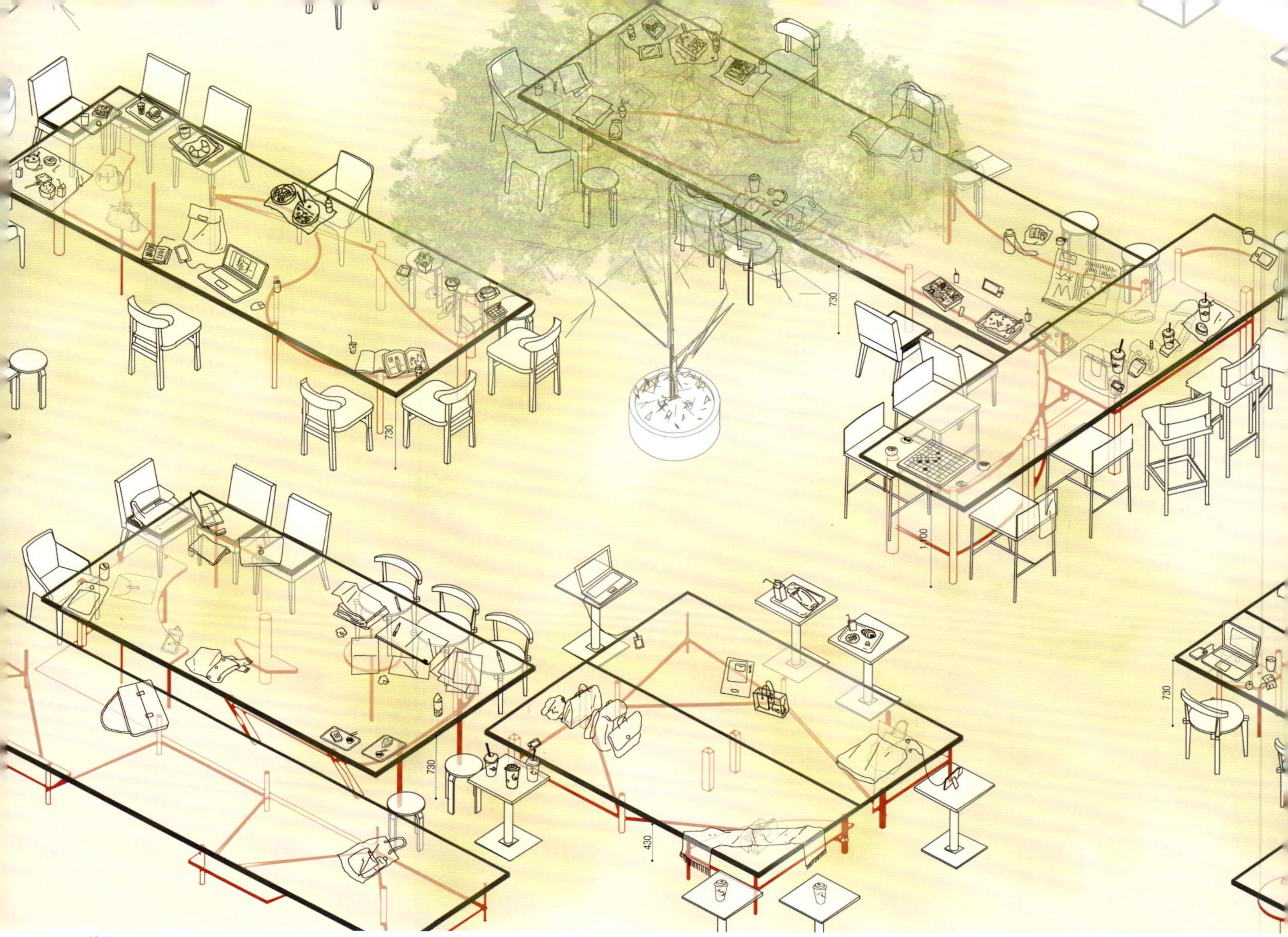

3D效果图

E×L 结构设计

休息室各分区的桌面的大小、高度、桌脚的形状、数量等设计得各不相同。各结构面积千差万别，家具的负重条件也不同。各分区还需要考虑结构强度和使用感受，因此很难制定结构方针。但是，关于设计，我们与建筑师在设立一些结构指标上，达成了共识。这里关注家具脚的弹性模数（E）与截面惯性矩（L）两个数值。在各分区家具的使用感受中，最重要的是家具的稳定性。假如桌面与梁、桌脚与桌腿为钢架结构的话，那么水平位移量是家具脚的E与L的乘积（ΣE×L）的反比例。首先，先设定桌面的大小、高度。然后为了算出水平位移量，需要计算必要的家具脚的ΣE×L。使用这个算数式，改变家具脚的形状、材质、数量等变量，就能够自由设计了。各分区虽然千差万别，但是，通过让各分区拥有统一的结构，实现了在一个整体空间中创造出小分区的设计。

（小西泰孝/小西泰孝建筑结构设计）

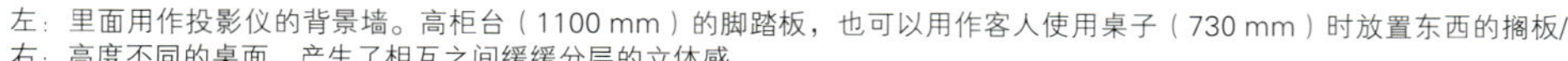
左：里面用作投影仪的背景墙。高柜台（1100 mm）的脚踏板，也可以用作客人使用桌子（730 mm）时放置东西的搁板/右：高度不同的桌面，产生了相互之间缓缓分层的立体感

上图提供：日本新建筑社编辑部 下图提供：中川ERIKA建筑设计事务所

■ΣE×L计算表　※除特别标注，单位统一为mm

宽	深	高	板厚	比重	切断力系数C_0	水平承重(kN)	允许变形角	允许变形量	必要ΣEL（kN·m²）
1200	4700	1100	24	0.7	0.2	0.19	1/120	9.17	330.2

切面形状	外形	肉厚	材料	根数	E(N/mm²)	n×L(cm⁴)	EL(kN·m²)
■-70×70	70	0	木头	3	7000	600.3	42.0
○-101.6×3.2	101.6	3.2	钢筋	1	205 000	119.9	245.7
○-60.5×2.3	60.5	2.3	钢筋	4	205 000	71.3	146.2

合计（kN·m²）	检测值		判定
ΣEL=434.0	必要ΣEL/ΣEL	0.76	<1.00 OK

上：水平分区模型　比例尺1:10
中：工厂内检查原尺寸的组合件
下：ΣE×L计算表。把家具脚的材质和数量当作参数，进行大致的结构解析。对原尺寸1/10的家具模型进行研究和探讨，让家具脚拥有多种形状

休息区看向研讨会区。通过不同高度、不同面积的家具组合，缓缓地将空间分开。客人的使用目的和人数不同，喜欢入座的地点也不同。右边的墙壁采用白板的墙面装饰，在商谈中可以使用白板记录会议信息

“水平分区”的脚下景观。面前摆着高1100 mm、730 mm、1100 mm的家具。休息室的椅子根据椅背、扶手的有无，椅面的材料，坐上去的感觉分类，共有12种

LIFORK

企划・监修　NTT 都市开发

设计　SHINATO　KOKUYO

TRANSIT GENERAL OFFICE

施工　NTT都市开发楼房服务　KOKUYO　竹中庭园绿化

所在地　东京都千代田区

LIFORK

architects: SINATO KOKUYO TRANSIT GENERAL OFFICE

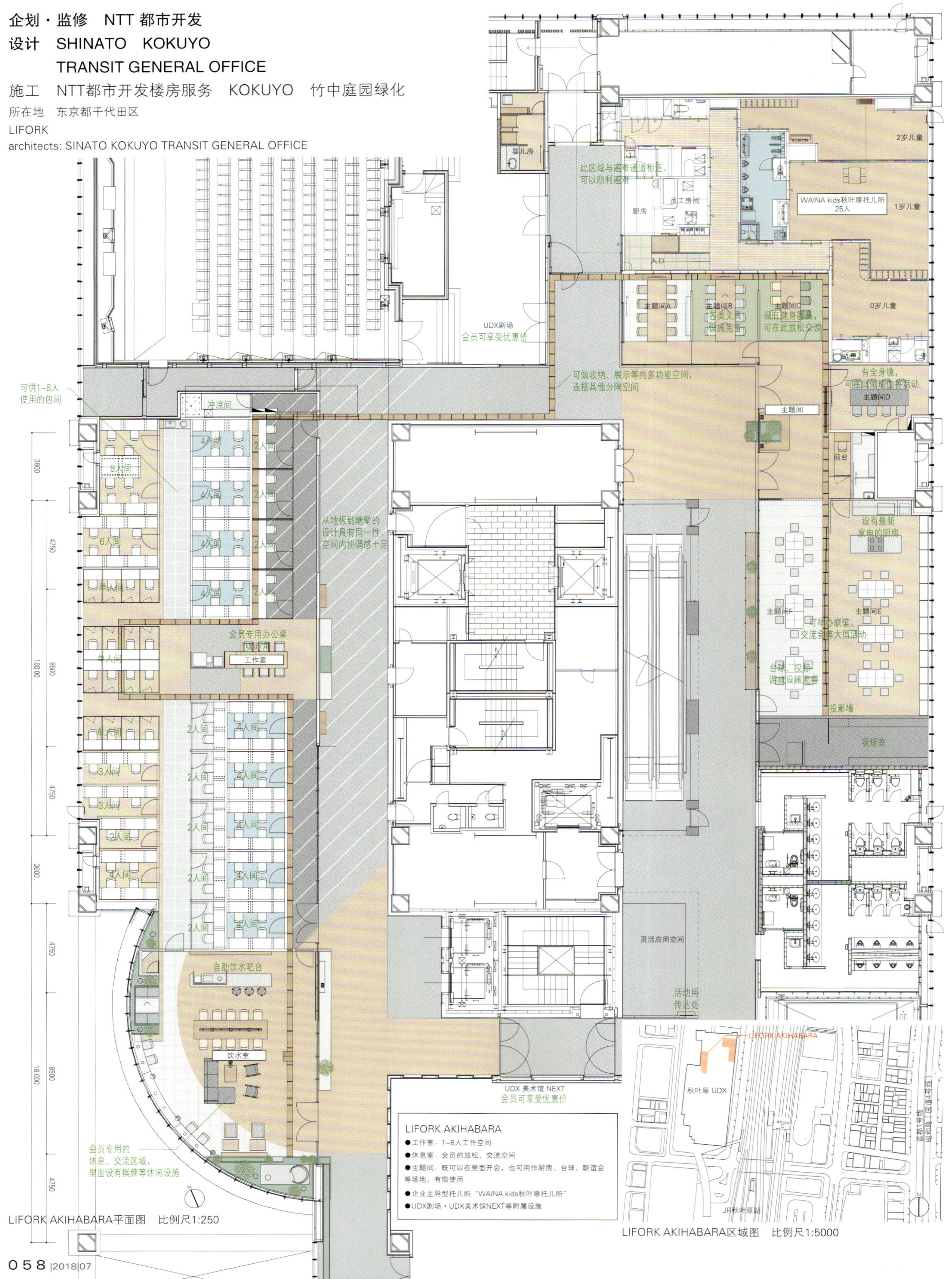

LIFORK AKIHABARA平面图　比例尺1:250

LIFORK AKIHABARA区域图　比例尺1:5000

LIFORK AKIHABARA

设计 SINATO KOKUYO

LIFORK AKIHABARA

设计：建筑：SINATO　KOKUYO

　　　设备：NTT 都市开发楼房服务

施工：NTT都市开发楼房服务　KOKUYO

对象面积：660 m²（LIFORK AKIHABARA）

　　　　　180 m²（WAINA kids 秋叶原）

用地面积：（秋叶原 UDX）11547 m²

建筑面积：（秋叶原 UDX）8531.34 m²

使用面积：（秋叶原 UDX）161 482.72 m²

层数：（秋叶原 UDX）地下3层　地上22层　阁楼1层

结构：（秋叶原 UDX）　地下部分：钢筋骨架混凝土结构　钢筋混凝土结构　地上部分：钢筋结构（部分CFT结构）

工期：2017年9月—2018年2月

（项目说明详见第170页）

这是由NTT都市开发最近推进的共享办公室业务“LIFORK”中的企划之一。将20[illegible]竣工的“秋叶原UDX”4层部分区域打造成共享办公室、有偿会议室、托儿所，以“[illegible]覆传统的空间中工作、畅游”为设计理念，在此区域设置可容纳1~8人的租借“工作[illegible]”、厨房、设有设备的“主题间”、企业主导型托儿所“WAINA kids 秋叶[illegible]所”（2018年6月营业）。这一设计力求将工作与生活自然结合。

LIFORK AKIHABABA的休息室。配备多种生活用品。
设有用于出租的工作室，是一个能够促进大家交流的空间

从休息室向下看

主题间视角。从走廊方向看去尽显宽敞空间。将顶棚设计为木质格子结构，保持空间的整体性

主题间B可作为谈判间使用

主题间E视角。厨房中设有最新的家电，可以用作恳谈会等各种活动空间

发起人如何想?

根据空间特性而设的共享办公室事业

今中启太＋吉川圭司（NTT都市开发）

Q1. 您为什么发起共享办公室事业?

对于开发者来说，用地附近交通情况、土地价格、规模为评价不动产的绝对性指标。但是，这种思想以及以这种思想为理念的开发有一定的局限性。当今社会信息化和全球化急速发展，不受时间和空间限制的弹性工作方式应运而生，个人的工作方式也在不断发生改变。企业为了创造更高的价值，不再执着于以往“工作空间=大规模中心办公室”的观念，转而追求超越公司规模和行业的、与他人共享与共创的工作空间。在这种形势中，我决定跳出固有的办公楼的绝对性指标，以3年前开始的HIVE TOKYO事业为基础，重新审视布局和大楼的魅力所在，并重新思考建筑的理念、功能、设计，迎合时代需求，打造超越普通办公室的独特办公环境。NTT团队将在日本全国灵活设计闲置不动产，以本次的经验和结果为导向，使其成为人人都可以自由办公的、能增强地区间交流的工作之地。

Q2. 适用对象有哪些? 这将会成为怎样的工作环境?

本次“LIFORK AKIHABARA”中，“工作室”和“主题间”的设计可以激发从事制造业的人的兴趣，为在日本最高端商业街工作的高管人员提供促进商业交流的高质量服务。在“LIFORK”中，关注街道个性，每个人都能将“轻松”“享受”“培养”“汇集”和“工作”相融合，随心而过，这是我们的追求。

Q3. 您有什么独到的设计?

作为一名设计人员，将区域特征与设计相结合，相比大楼中普通租赁办公室的专用空间，我们的设计让办公室成为独特的第三空间。巧妙设计了天花板的高度，使这一层的每个挑空设计和空间都具有个性，展现多种魅力，从而创造多样工作环境。设计弱化了大楼公共区域的界限，使空间极具整体性，提升办公氛围，展现开发人员别具匠心的设计方案。

Q4. 您今后有何期待?

这次，在各具特性的商业街展开了两个“LIFORK”项目。两个项目中都设有托儿所，这是因为考虑女性职员家庭负担更重这一点。我们认识到必须考虑人们的多层次的生活形态，也必须要为资深人士提供最佳的工作场所。“LIFORK”可以让每一个人自由地选择时间和场所，随心工作，随性生活。今后不仅是在办公街道，还要将“LIFORK”推广到更多区域，使生活与工作自然融合。而且为了使用方便，我们导入了智能钥匙和网络管理系统，将来也要导入传感设备和物联网。“LIFORK”通过研讨会等各种活动促进交流，支持地域共生街道的建设，增进人与人之间的信任感，让大家都能舒心生活，力求实现新型生活方式（LIFE×WORK）。

（翻译：崔馨月）

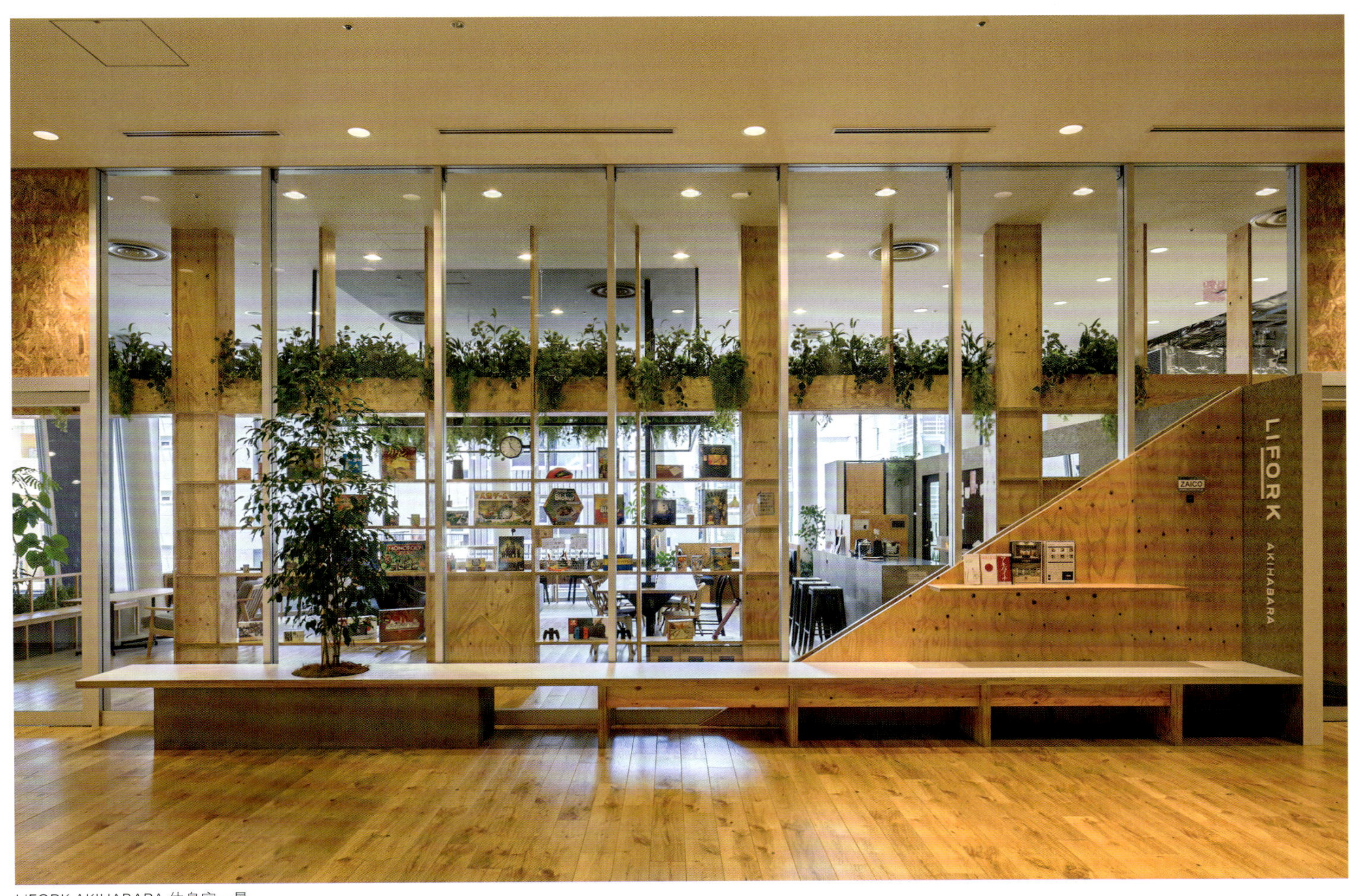

LIFORK AKIHABARA 休息室一景

LIFORK OTEMACHI

设计　KOKUYO TRANSIT GENERAL OFFICE

1层工作休息室一景。以“创新平台～展现自我、工作、融合～”为设计理念，具有歇脚亭、服务台等服务功能，LIFORK OTEMACHI力求营造促进利用者相互交流的氛围

2层办公室。会议室一景。办公室全天24小时可用

1层工作休息室的歇脚亭和厨房

1层工作休息室一景。不同风格的家具和装饰提供多元化空间体验

从1层的工作休息室向外看

从1层单车间看向工作休息室

跳舞区设置的私人空间

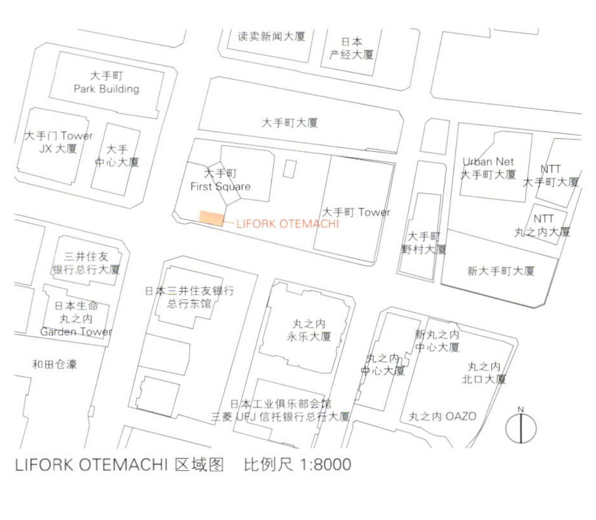

LIFORK OTEMACHI 区域图　比例尺 1:8000

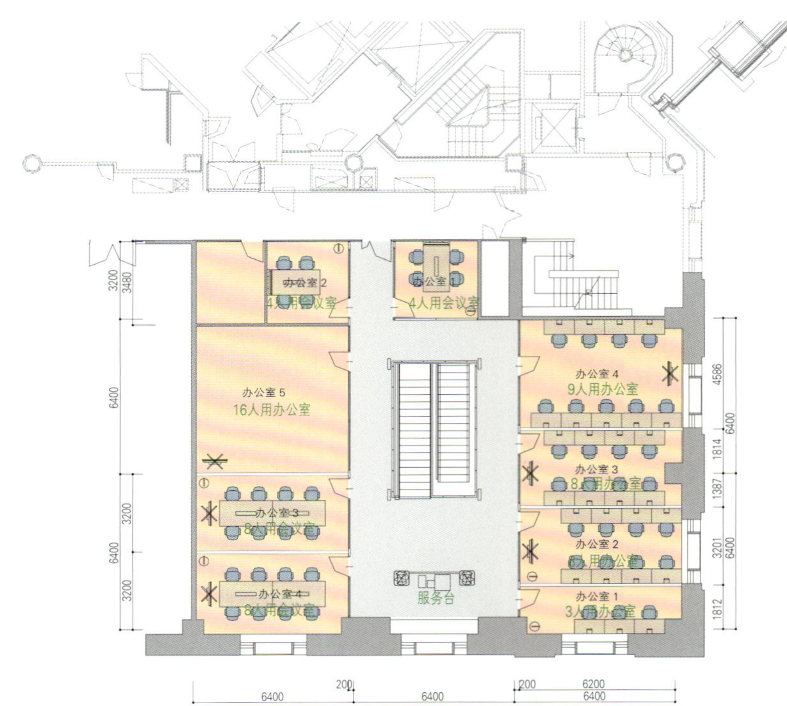

LIFORK OTEMACH 2层平面图

LIFORK OTEMACHI
设计：建筑・设备：KOKUYO
Design Direction TRANSIT GENERAL OFFICE
施工：KOKUYO　NTT 都市开发楼房服务
对象面积：1 层415 m²（LIFORK OTEMACHI）
2 层295 m²（LIFORK OTEMACHI）
99 m²（WAINA kids 大手町托儿所）
用地面积（大手町First Square）：11 042.50 m²
建筑面积（大手町First Square）：6176.12 m²
使用面积（大手町First Square）：146 584.31 m²
层数（大手町First Square）：地下5层　地上23层　阁楼2层
结构（大手町First Square）：地上部分：钢筋结构
地下部分：钢筋骨架混凝土结构　钢筋混凝土结构
工期：2017年11月—2018年3月
（项目说明详见第142页）

1层的单车间。专为骑行上班的人准备的24小时安全停车处。墙上是Quentin Monge的艺术作品

LIFORK OTEMACHI
- 工作休息室：多种家具营造的氛围有助于促进交流
- 歇脚亭・厨房：提供三明治等简餐和高级餐饮服务
- 单车间：为骑行上班的人准备的 24 小时安全停车处
- 办公室・会议室：提供独立性强的办公场所
- 活动室：可在此举办各种活动
- 企业主导型 WAINA kids 大手町托儿所

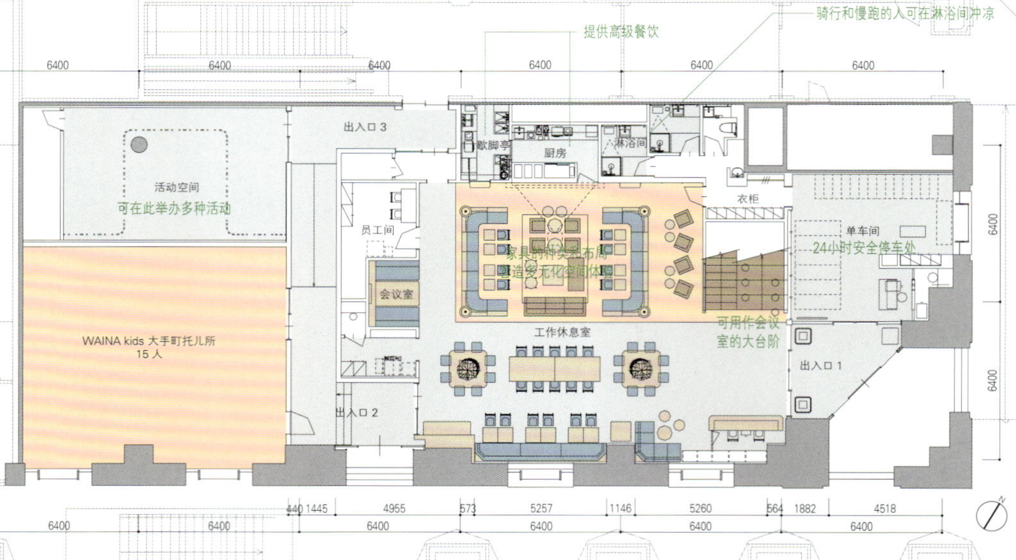

LIFORK OTEMACHI 1层平面图　比例尺1:250

LIFORK OTEMACHI 位于1997年竣工的大手町First Square的1层。曾是NTT的展览场所

力求打造多元化的共享办公室

LIFORK 以“LIFE × WORK”为理念，将“轻松”“享受”“培养”“汇集”和“工作”融合在一起，营造全新工作氛围。现在最常见的办公模式为远程办公和流动工位，通过方位办公的方式在共享平台上交流。

LIFORK 顺应时代潮流，重新利用空间特性，在唤起大家对空间认知的同时，创造能引起共鸣的空间设计和与生活功能为一体的办公空间。LIFORK AKIHABARA 和LIFORK OTEMACHI为首批设计成果，分别入驻了建成10年的秋叶原UDX和建成20年的大手町First Square。

LIFORK AKIHABARA位于汇集电子产品、电子零件、动漫和游戏产业的秋叶原。这里以制造业为主线，LIFORK AKIHABARA为这些人士提供可自由使用的工作室。会议室内设有厨房。通过这一设计可以促进UDX人们之间的交流，加强LIFORK中的人们和周边的联系。

LIFORK OTEMACHI 顺应在日本商业中心工作的高层人士的需求，设有休闲&付费奢华休息室，也提供自行车停车处和美味的咖啡。LIFORK OTEMACHI 力求成为能让人们享受工作与生活的高端的交流空间。

（今中启太）

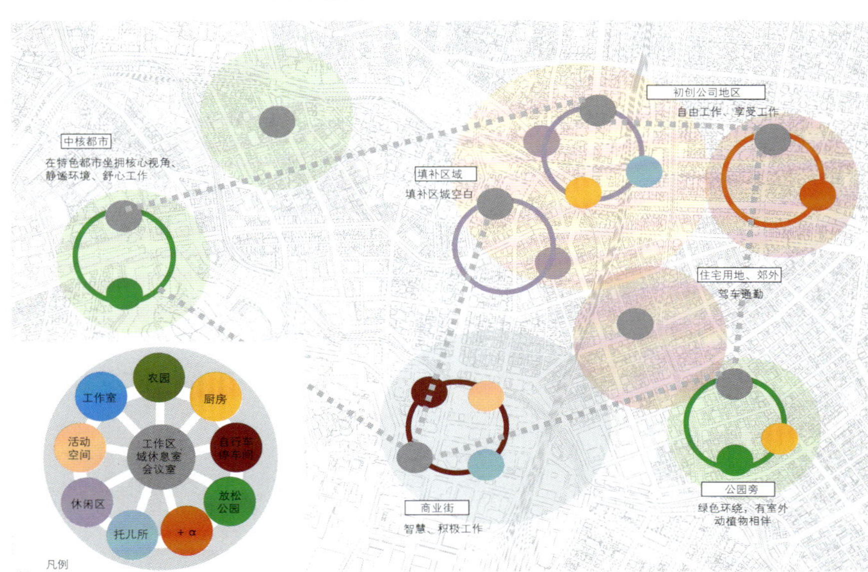

LIFORK概念图。以“工作”为中心，根据区域个性设计相关项目［“基础地图信息数据”（国土地理院）数据来源https://fgd.gsi.go.jp/download/menu.php］

MEC PARK

设计　MEC DESIGN INTERNATIONAL　三菱地所设计

施工　竹中工务店 MEC DESIGN INTERNATIONAL

所在地　东京都千代田区

architects: MEC DESIGN INTERNATIONAL　MITSUBISHI JISHO SEKKEI

4层西侧为摆放文具、零食、杂志的休息区“栖木”，经此可见办公区域。三菱地所总公司新址位于大手町公园大厦的3层至6层。本着建造如公园一般的办公室这一设计理念，该建筑旨在创造一个这样的空间——让人们自然而然聚集，不论职务与性别，自由交流意见。三菱地所将自己公司办公室作为实验与实践的场所，随着时代变迁，有望起到工作空间展示区的作用

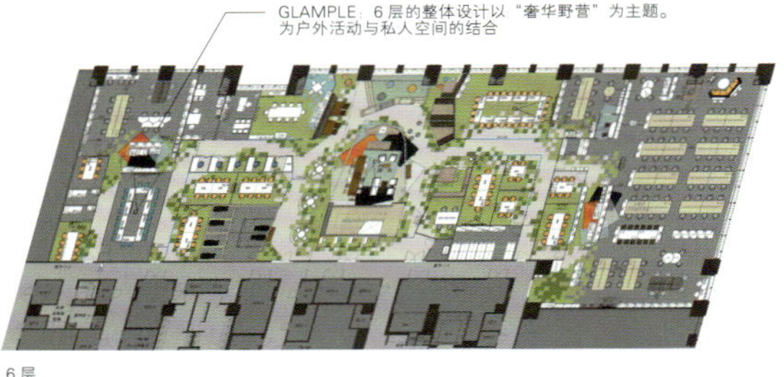

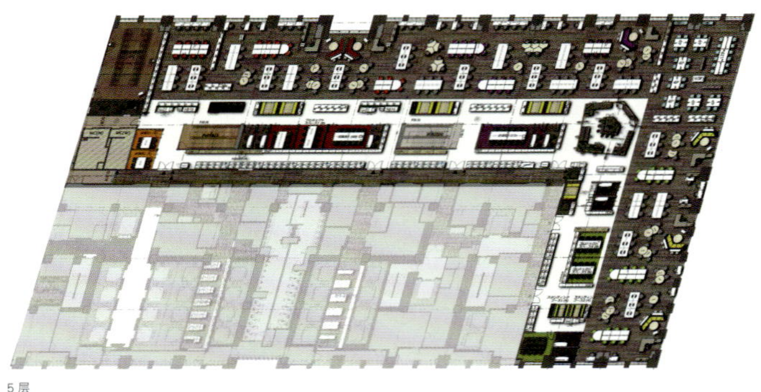

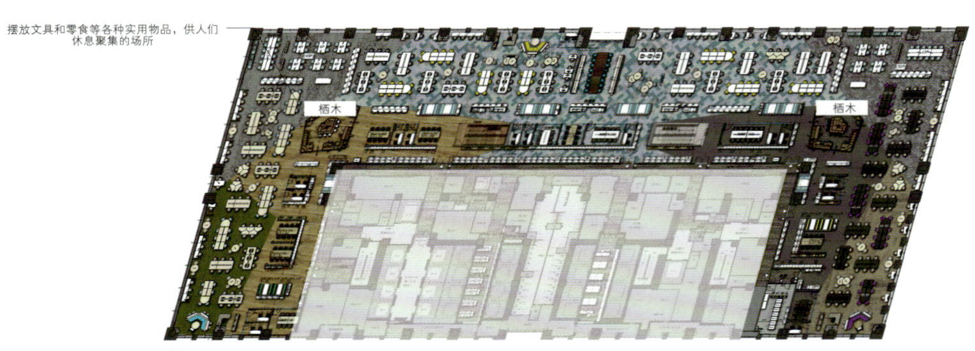

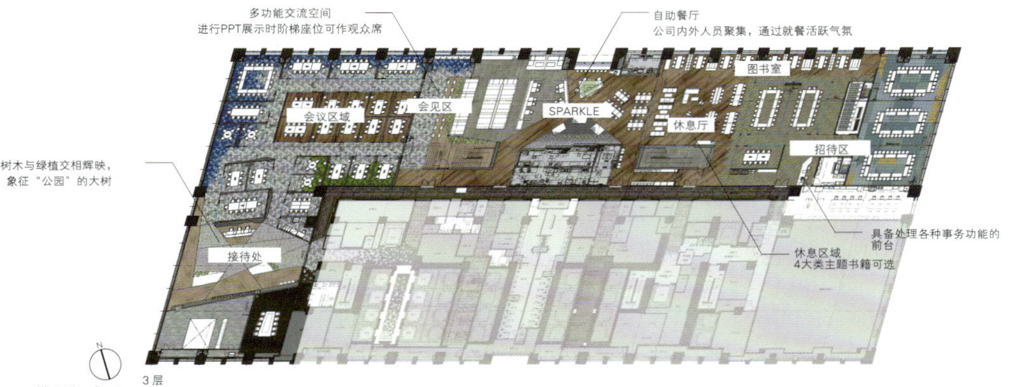

楼层构成图

打造公园式的办公空间

在“无边界 × 社交化”的理念下，本项目将设计概念定位为“公园”，旨在创建一个无边界限制，真正意义上人与人相互联系、发挥力量的办公空间。办公区域整体氛围如同一个大公园，人们自然而然地聚集、交谈。根据各楼层不同特点，具体设计不一。使用者可自由决定目的、时间与场所，既实现办公空间的灵活使用，也方便摸索适合自己的办公方式。

无论是象征“公园”大树的接待处，还是6层象征奢华野营地的工作区“GLAMPLE”，每个区域都巧妙构思，打造与自然相连的主题空间。尤其是办公区的家具朝不同方向摆设，使人们下意识移动视线感知周围情况。此外，3层自助餐厅“SPARKLE”的布局旨在通过就餐实现交流，面见其他公司来访者或进行个人工作皆宜。该空间同样关注健康，激发创意。

（加藤康伸/MEC DESIGN INTERNATIONAL）

（翻译：朱佳英）

4层办公区域。采用"分组不固定座位"的方式，模糊处理各部门之间的边界，共用办公桌。在进深20.5 m，最大宽度108 m的无柱空间中分布着大大小小各色会议区、高低各异的办公桌及免受打扰的电话室等。员工可根据心情与工作内容选择办公场所

3层设有面向内部员工与集团公司人员的自助餐厅"SPARKLE"。作为租赁办公室，在此设置员工食堂可促进员工之间的沟通和交流。不仅是内部员工，外部人士也可在此就餐，因此，也可以作为进餐与约谈工作的空间

"SPARKLE"前的休息厅与图书室。照片中正前方的玻璃房为会议室

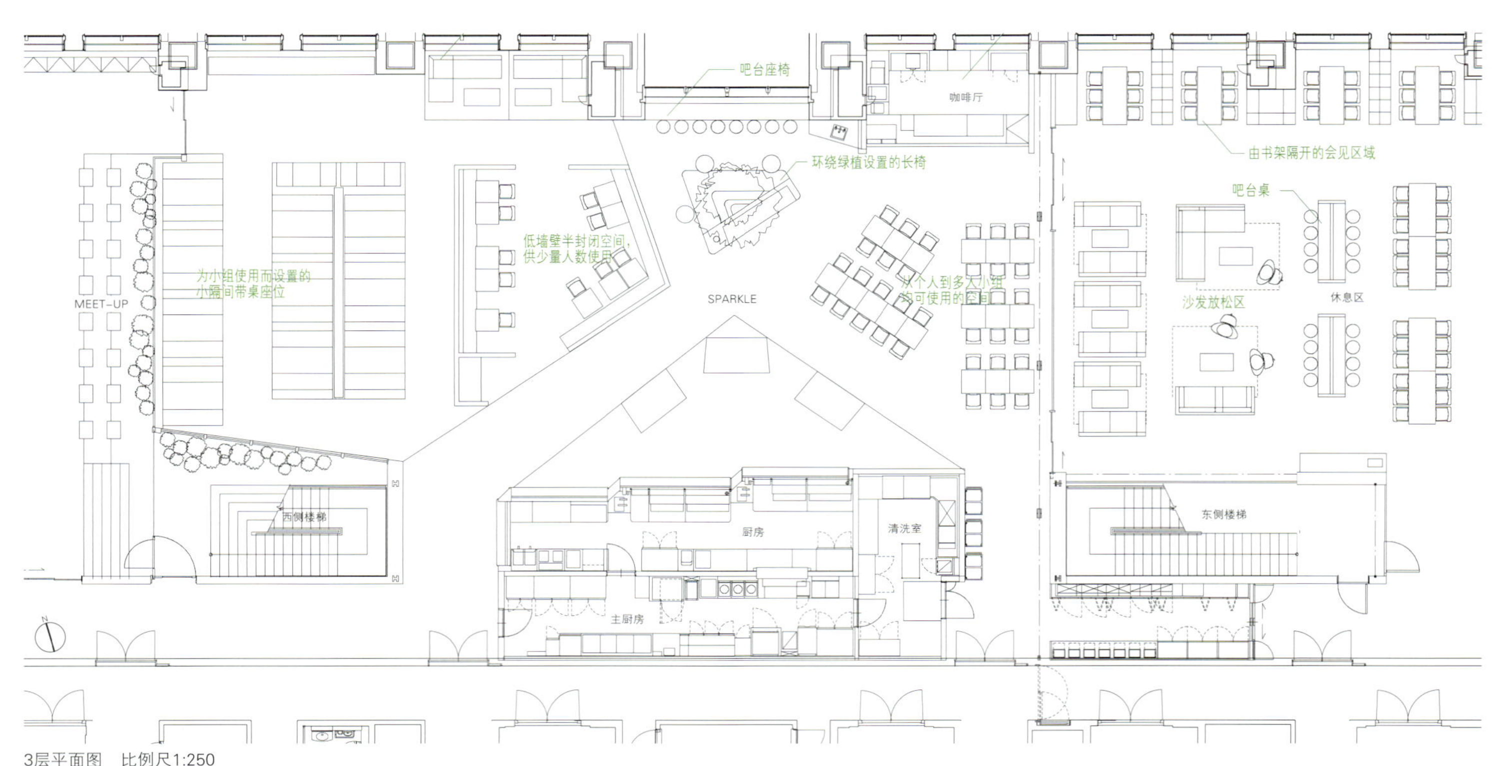

3层平面图　比例尺1:250

上：3层会见区。面向外部人员的办公室参观起点，同时也作为PPT展示时的观众席/左下：3层西侧内部楼梯以及SPARKLE（照片左侧）/右下：3层办公区玄关。以大树为象征的内部装饰设计

设计：建筑：MEC DESIGN INTERNATIONAL
　　　设备：三菱地所设计
施工：竹中工务店
　　　MEC DESIGN INTERNATIONAL
建筑面积：11 900 m²
层数：地下5层　地上29层　阁楼2层
入住层：3~6层
工期：2017年9—12月
摄影：日本新建筑社摄影部
（项目说明详见第170页）

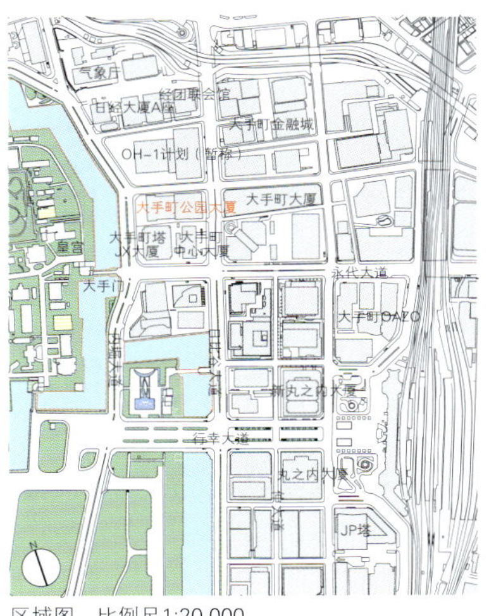

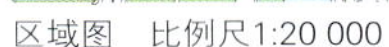
区域图　比例尺1:20 000

大手町公园大厦外观

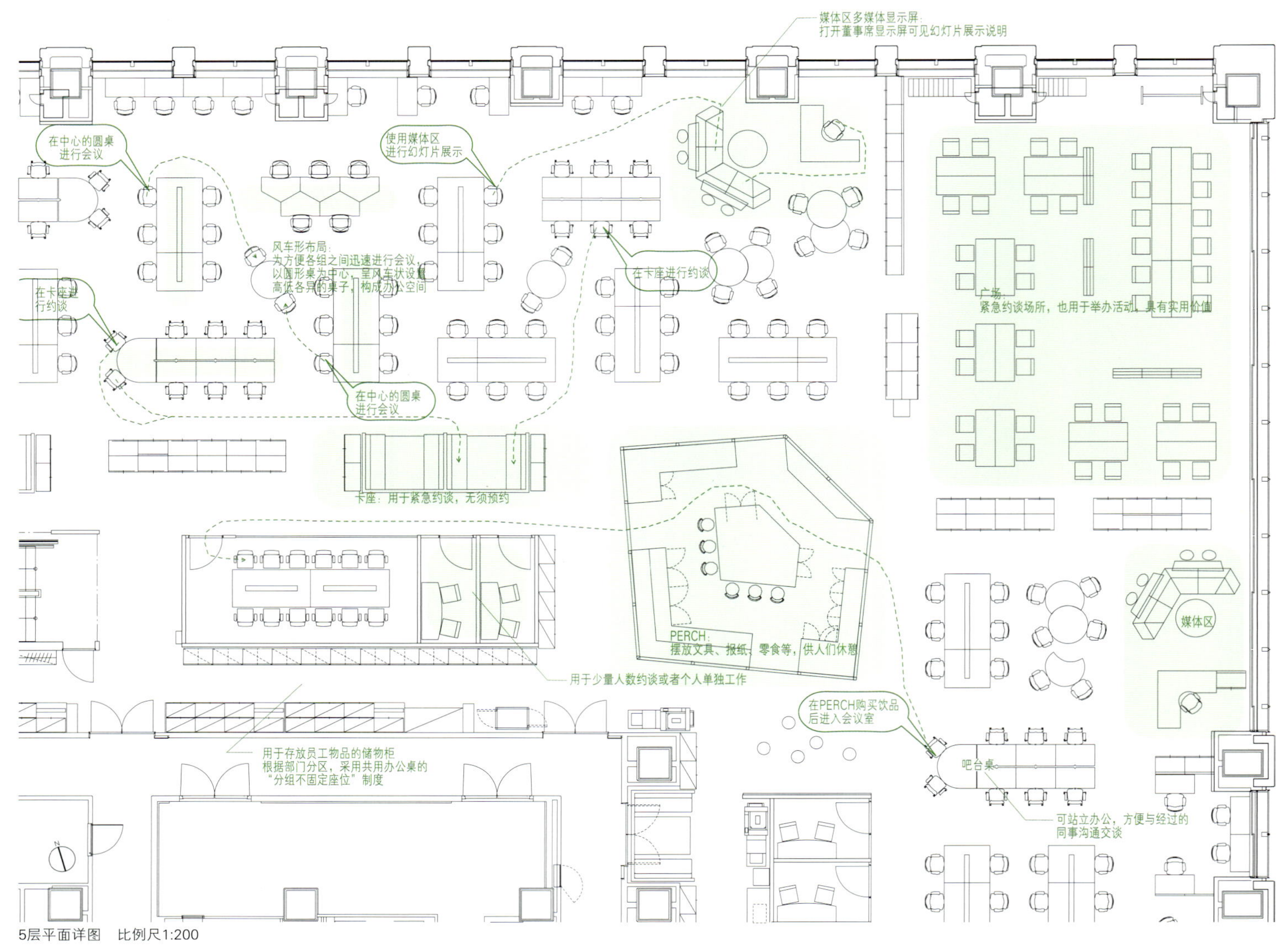
媒体区多媒体显示屏：
打开董事席显示屏可见幻灯片展示说明
在中心的圆桌
进行会议
使用媒体区
进行幻灯片展示
风车形布局：
为方便各组之间迅速进行会议，
以圆形桌为中心，呈风车状设置
高低各异的桌子，构成办公空间
在卡座进行约谈
在卡座进行约谈
广场：
紧急约谈场所，也用于举办活动，具有实用价值
在中心的圆桌
进行会议
卡座：用于紧急约谈，无须预约
PERCH：
摆放文具、报纸、零食等，供人们休憩
用于少量人数约谈或者个人单独工作
媒体区
在PERCH购买饮品
后进入会议室
吧台桌
用于存放员工物品的储物柜
根据部门分区，采用共用办公桌的
“分组不固定座位”制度
可站立办公，方便与经过的
同事沟通交谈
N
5层平面详图 比例尺1:200

WORKPLACE

房地产开发商如何思考？

将自己公司作为实验台，探索办公空间布局新方式

竹本晋（三菱地所 总务部设施管理室长）

Q1. 为什么您认为需要打造这样的办公空间？

公司搬迁之前，我作为办公空间布局的提案者，看到公司在办公环境急速变化的今天依旧采用落后的多层分散的岛状办公布局，深感忧心。

况且，我们已经打出“商业模式创新”的中期经营计划。当下是一个力求提升工作效率，节省时间创造新价值的时代。为此，有必要改变企业环境，解决存在的问题。于是，我们实行公司搬迁。

搬迁后的办公区域可应对分组工作与集中工作，满足员工对多样化工作方式的需求。考虑公司作为展厅供客人游览的功能，各层各区均设有多功能空间与不同规格的彩印图示。

此外，所有会议室均设有显示屏，也设置免打扰工作间与小休息室等空间，实现高效工作。同时，指纹安全认证，员工位置信息系统等先进系统也作为实验环节导入，努力创造新的工作价值。

公司专有部门内部以楼梯连接，自助餐厅的设置以及“分组不固定座位”制度的导入等有助于加强公司内部的沟通。

Q2. 目前，丸之内正在推进常盘桥再开发计划，今后想打造何种办公空间呢？

根据未来社会发展情况、生活方式、工作方式以及办公室布局变化，采用灵活应对手段，同时改善硬件与软件设施，利用新科技加快创造高效工作空间，与国内外各界人士积极交流，继续保持世界级的创造活力。同时，也向世界展示日本的魅力。

具体来说，就是不论空间，展示未来“工作”的概念，导入能创造新价值的空间，提升时间价值与自由度，提供集信息、通信和技术于一体的ICT服务。

象征奢华野营地的6层“GLAMPLE”。与4、5层相比，更能实现劳逸结合的空间

6层绳状窗帘隔出的圆形空间

6层免打扰工作间

6层脱鞋休息区

以接近站立姿势进行会议的“站立式办公室”

5层办公区域内的董事席。废除此前单独的办公室，在敞开式董事席前设置沙发与显示屏，方便播放幻灯片与约谈

楼梯间视角。在开放空间进行会议的场景

SUPPOSE DESIGN OFFICE 东京事务所 公司食堂

设计　谷尻诚・吉田爱／SUPPOSE DESIGN OFFICE
施工　贺茂手工艺　石丸　SETUP
所在地　东京都涩谷区

SUPPOSE DESIGN OFFICE TOKYO OFFICE SHA-SHOKUDO
architects: MAKOTO TANIJIRI・AI YOSHIDA／SUPPOSE DESIGN OFFICE

玄关视角。SUPPOSE DESIGN OFFICE在广岛和东京两个城市开展业务，本项目为东京事务所翻新后的办公室和外部人员也可使用的公司食堂（咖啡厅）。两大功能区融于同一空间，旨在打造出集工作、生活于一体的环境。中央设置开放式厨房，起到柔和过渡各区域的作用

公司员工与来访的工务店职员一边吃午饭一边谈笑

阳台对着巷子，设有一张大桌，可供工作、就餐使用

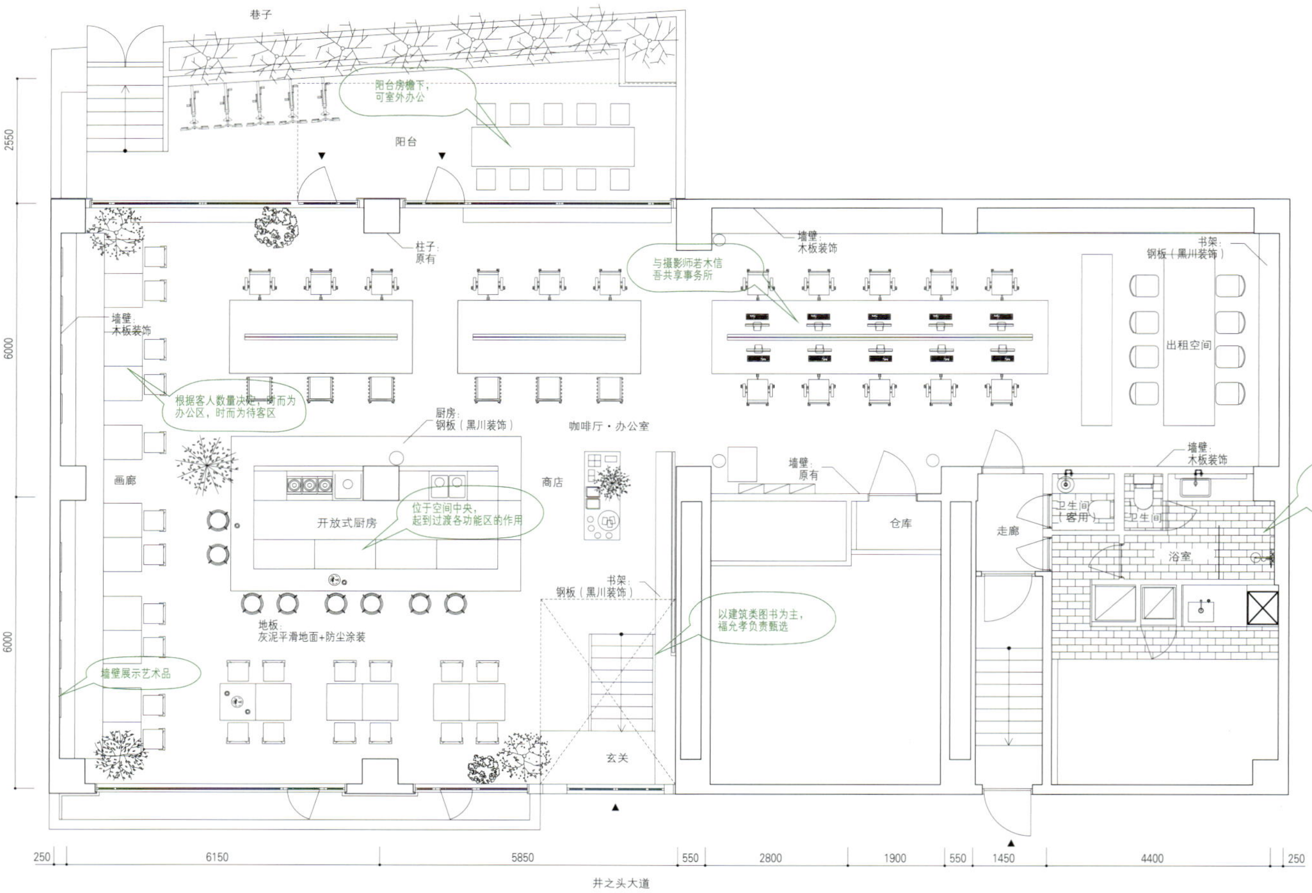

巷子
阳台房檐下，可室外办公
阳台
柱子：原有
与摄影师若木信吾共享事务所
墙壁：木板装饰
书架：钢板（黑川装饰）
出租空间
墙壁：木板装饰
根据客人数量决定，时而为办公区，时而为待客区
厨房：钢板（黑川装饰）
咖啡厅·办公室
画廊
商店
开放式厨房
位于空间中央，起到过渡各功能区的作用
墙壁：原有
仓库
走廊
卫生间（客用）
卫生间
员工洗浴室，采用之前设计酒店时的经验
浴室
书架：钢板（黑川装饰）
以建筑类图书为主，福允孝负责甄选
地板：灰泥平滑地面+防尘涂装
墙壁展示艺术品
玄关
2550 6000 6000
250 6150 5850 550 2800 1900 550 1450 4400 250
井之头大道

平面图　比例尺1:150

重新审视工作方式，构筑丰富多彩建筑

如果说比起其他事情，工作占据人生的时间最长的话，我们应当如何实现工作时间的丰富性，为之提供一个理想的环境呢？曾经，商业街的店门前总是能看到人们工作与生活相交融的场景。然而，这样的场景今日已不多见。于是，我们重新思考工作与生活的关系，由此引发本次公司食堂的设计构想。

本项目为东京事务所办公室的翻新。不仅是在公司内部设置食堂，我们还希望把这个食堂搬进办公室。以往，食堂与办公空间分开布局，而此次则归至同一空间，不设隔断。如此一来，公司员工和附近的客人可在此用餐，发挥食堂作用；而对看展的人来说这里是画廊；对看书的人来说则是图书馆；一旦有客户前来约谈，这里又摇身一变成为会议室。

构成空间的素材有桌子、厨房柜台，均为钢质，体现出钢材的多样性能。天花板高2.7 m，于2.1 m处水平架设H型钢。钢架上方安装细管荧光灯，下方安装射灯，在工作与就餐时间，调节与之相适应的灯光。同时，这样的设计会模糊实际的天花板高度，起到从感官上变换高度的作用。

将工作与生活柔和地融为一体，呈现出一个交融、开放的设计事务所，我们真切感受到这个空间在发挥着巨大作用。

身体由细胞构成，而细胞每日靠食物给养。所以，健康的食物正是健康的身体和健康的思维之源。

相信通过将工作与生活融入同一空间，能够实现使建筑丰富多彩这一构想。

（谷尻诚・吉田爱）

（翻译：朱佳英）

玄关视角。右手边书架为钢板材质，摆放的书籍以建筑类图书为主。墙壁为木板装饰

楼梯下为商店角落，摆放有SUPPOSE DESIGN OFFICE的原创商品和精选商品

从办公区越过开放式厨房看向咖啡厅。2100 mm高度处设置H型钢搭成的网格。H型钢上方安装细管荧光灯，下方安装射灯，根据具体使用场合调整灯光

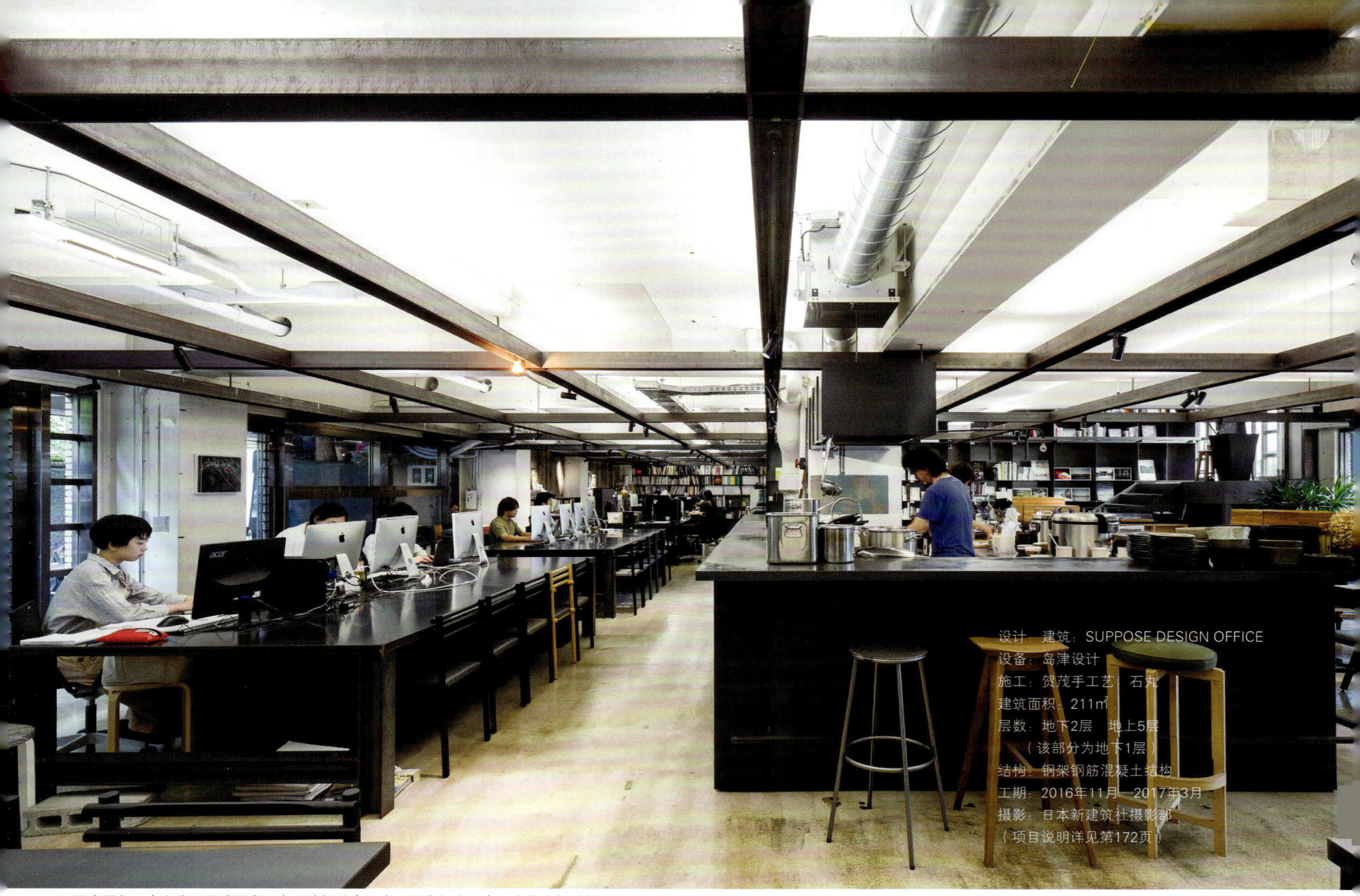

设计：建筑：SUPPOSE DESIGN OFFICE
设备：岛津设计
施工：贺茂手工艺　石丸
建筑面积：211㎡
层数：地下2层　地上5层
（该部分为地下1层）
结构：钢架钢筋混凝土结构
工期：2016年11月—2017年3月
摄影：日本新建筑社摄影部
（项目说明详见第172页）
画廊视角。中央为开放式厨房，左手边摆放办公桌。厨房柜台和办公桌均为钢结构

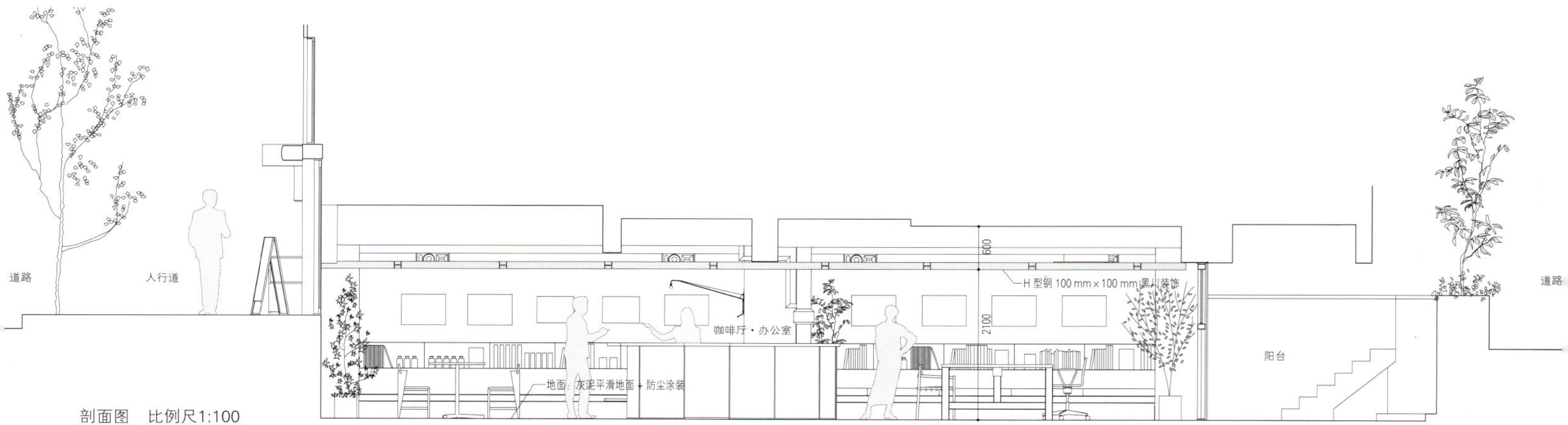

道路
人行道
600
H 型钢 100 mm × 100 mm
装饰
2100
咖啡厅・办公室
地面：灰泥平滑地面＋防尘涂装
阳台
道路
剖面图　比例尺1:100

东侧视角。该项目位于井之头大道对面公寓的地下1层

井之头大道
N
区域图　比例尺1:3500

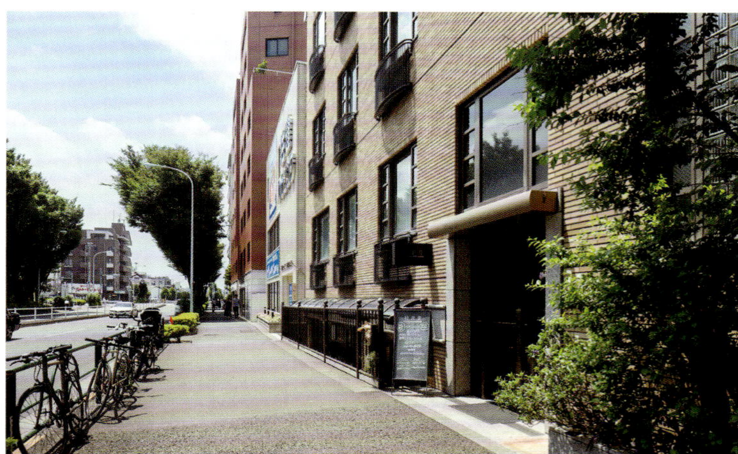

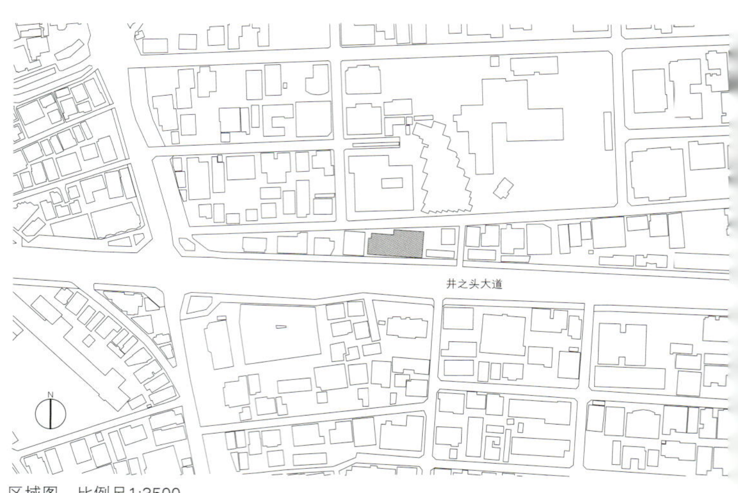

设计者如何思考?

通过增设食堂
创造新的价值

谷尻诚・吉田爱（SUPPOSE DESIGN OFFICE代表）

左侧为谷尻诚，右侧为吉田爱

以活动为空间命名

——2017年4月，SUPPOSE DESIGN OFFICE东京事务所办公室同时也是公司食堂开始投入使用，至今已有一年多的时间。首先想问问两位为什么制作这样一个项目?

谷尻：最主要的原因还是想解决员工的就餐问题。我看大家常常是工作一忙，就边盯电脑边吃些便利店的快餐，不希望看到这样的场景。

吉田：公司自成立起，一直以广岛为中心开展业务，直至2008年开设东京事务所。员工增加了，事务也繁忙起来，员工们交谈的时间在不断减少。

谷尻：东京的事务增加，原先在涩谷区富之谷租借的办公室显得狭小，于是在2015年搬迁到樱之丘。当时，东京的常驻员工是2人，现在增加到10人，加上广岛的员工一共有37人。

吉田：搬到樱之丘后，我们就希望创造一个让人们可以信步闲游的空间，于是重新设计，添加了可以享用咖啡的柜台等。

谷尻：我们希望展开以活动为空间命名的设计，于是从自己公司的办公室开始实践这一理念。

待客席共设置30个。除了午餐时间客人比较多以外，其余时间都比较空。在这段时间我们就可以将其当作会议空间使用，非常灵活。

吉田：我们有广岛和东京两个办公地点，所以事务所时而忙时而空闲。我们希望办公室在人流量少的时候发挥一下别的用途。

谷尻：将厨房设置在中央，自然分隔出食堂、办公室、图书室和画廊等空间，使得各项活动的空间能够切换自如。我们有意识地尝试一种设计，以使空间界限不那么清晰。

——工作方式发生改变了吗?

谷尻：很有效果。首先，我们和员工交流的机会增加了。要吃午饭的时候，会有员工问我今天吃什么，然后我们就一起吃饭。工作忙时，我们会边开会边吃饭。这时，大家就会聊到最近过得如何，自己看了什么有趣的电影，等等。这样漫无边际的聊天，我觉得非常重要。

吉田：因为借吃饭比较容易约到人，于是我们就可以和设计公司的同行，以及艺术指导公司开交流会，招呼周围的人一起来吃流水素面等，创造一个开放空间以营造令人愉快的工作氛围。

谷尻：有些人想要委托我们工作，但又不清楚我们的为人，于是会想悄悄观察一下。通过食堂这一设计，他们就可以从侧面看到我们工作的方式，满意就可以合作。如果是这样的话也很不错。

吉田：换个角度来说，假如有客人需要工作严谨的设计师，他们看到我们这副闲散的样子，可能就跑掉了。（笑）

通过自己经营餐饮，体现多样化的特点，让顾客真实感受到使用方式与建筑空间融为一体的设计。

为实现创造性工作的组织方式

谷尻：最近，我们联合现场监工的施工公司，有着20年交情的五金店，以及东京艺术大学的结构工程师金田充弘，我们四方共同出资创建“21世纪工务店”。工务店不仅处理我们的工作，也接受其他公司的委托，是一个独立的机构。我们一直探求合作之道，一边摸索一边前进。后来，大家希望在同一处办公，于是开始寻找可以并设工作室的场地。大家都觉得市中心比较困难，但是越是这么说，我就越想在涩谷找。

吉田：我们希望尝试范围更广的工作。但由于不确信一定能实现，又担心物价上涨，因此只能选择单价明确的材料等等，时间和精力都耗费在思考这些问题上。所以，我们希望不仅仅是画图纸，而是和建造方一同思考。设计和施工两方合作，产生创造性的工作方式，这为我们展现了一种组织方式，对双方都是有益的。匠人有后继无人的担忧，艺术工作室有工作时间长、工资不高的问题。我这五六年时间里一直在思考为了实现有创造力的工作，同时又保障工资，我们到底能做出什么样的努力。

谷尻：延续以往的工作方式解决不了根本问题。所以，我们认为要想出一种全新的组织方式。在当下的时代，人们能做到的事越来越多，我们抱有一种使命感去证明我们可以实现这样“能做到”的事。

——听说2019年你们要在广岛建造酒店。是什么让你们产生这样的想法，去经营工务店和酒店等扩展工作范围呢?

谷尻：酒店项目的初衷是希望来自世界各地的客户可以到我们的事务所来游玩。与远道而来的客人们一起吃饭，让他们畅游广岛，在当地住宿等，为客户创造工作之外可以充分享受的环境。

吉田：我们商量过改建方案，但现在采用的是新建计划，一个6层高的木结构建筑。1层餐厅，2层画廊，3层是我们自己的办公室，4~6层则是酒店。我们现在已经有餐饮部门了，再加上一个酒店，感觉已经要超出自己掌控了。（笑）不过这样一来，希望各位员工能更加自律地工作。以设计工作为核心，兼容餐饮、住宿、施工、房地产，希望通过逐步形成这样的平台，建立整体协作的组织模式。以前的工作界限分明，但是到了现代社会，我们应该模糊这种工作的界限。我认为设计事务所也需要通过扩展工作范围，满足社会的各种需求。

（2018年6月2日，于公司食堂　文字：日本新建筑社编辑部）

玄关视角。该项目为共享办公室，除大楼整体改建设计方Open A之外，另有约40名个人或企业职员在此办公。办公室内随处可见利用废旧物品制成的物件。这是Open A与产业废弃物处理公司NAKADAI的废旧物品再利用合作项目“THROWBACK”的典型作品

Un.C. – Under Construction –

设计：马场正尊+大桥一隆+平岩祐季+福井亚启/ Open A
施工：三和建设+Modern Apartment
所在地：东京都中央区
UN.C. – UNDER CONSTRUCTION –
architects: OPEN A

从厨房一览空间整体。右侧为固定的办公桌区域，左侧为会客区域

北侧会客区域。空间从开放式到稍加隔断，营造出渐变的空间开放度

以厨房为中心，创造聊天空间

设计师如何思考?

仿佛是在带屋顶的公园中办公

马场正尊（Open A）

“Under Construction”的创意起源于我五年前写的一本书，名叫《RePUBLIC 公共空间翻修》（学艺出版社，2013年）。当时，我为创作到纽约的布莱恩公园，看到人们以自己的节奏各据一处。草坪上，一家人或情侣保持着一定距离玩闹；身穿制服的商务人士表情严肃地接电话；露天咖啡馆，一个学生模样的男孩专心致志地敲着键盘，而他身旁的老人们则从容地下着象棋。大家明明做着各不相同的事情，但画面却不可思议地和谐。这种包容多样性的融合让我心生愉悦，于是希望建立一个这样氛围的办公室。

为什么我会特意想把这繁杂的多样性融入办公空间呢？这是因为工作的目的和所求的结果在发生改变。尤其是注重创造性的公司，他们并不是用产量来衡量工作，而是重视对社会和经济产生的影响。

工作的重心正从业务向沟通交流转移。如今，人们来到办公室工作更多的是为了与人接触。所以，团队工作的比重正在增加。为应对日趋复杂的社会需求与流程，必须将多种专业的人们聚到一起，共同思考解决之道。于是，不同的人之间就产生了交往与交流。

“Under Construction”积极吸收具有多样性的人和团队项目，适当地制造一些混乱感，而办公空间实则是增加“混乱感”的道具。办公室中四处摆放着一些小道具，以适应各种类型的工作模式。从沙发到站立桌之间分散放置一些高度不同的椅子，全开放的咖啡桌到半遮挡的卡座营造出开放程度的渐变感。广场有时会举行讲座，大家在这里共享知识。

功用最大的是可以一览空间整体的大厨房。通过共同用餐、交谈，能够拉近彼此距离，激发更多灵感。此外，一些项目的决定也在饭桌上做出，似乎已经到了没有厨房区域，工作就无法开展的地步。

经济学家伊藤元重在其著作《大变化》（讲谈社，2008年）中，就工作变化如是说：“19世纪时人们称工作为labor，而现在则称作work，很快这种称呼会由play取而代之。”

（翻译：朱佳英）

照片提供：公共R房产

纽约布莱恩公园

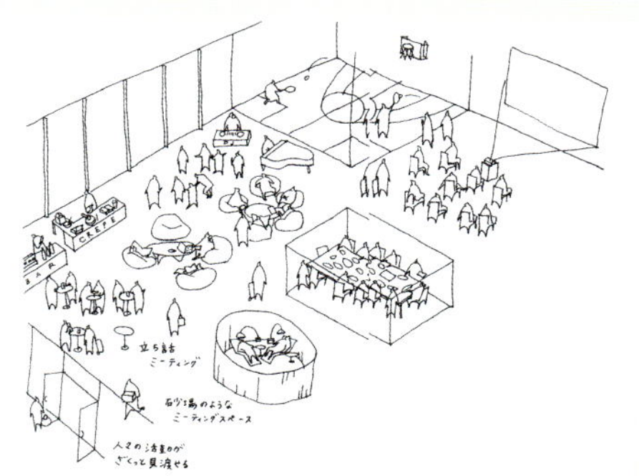

引自《RePUBLIC 公共空间翻修》

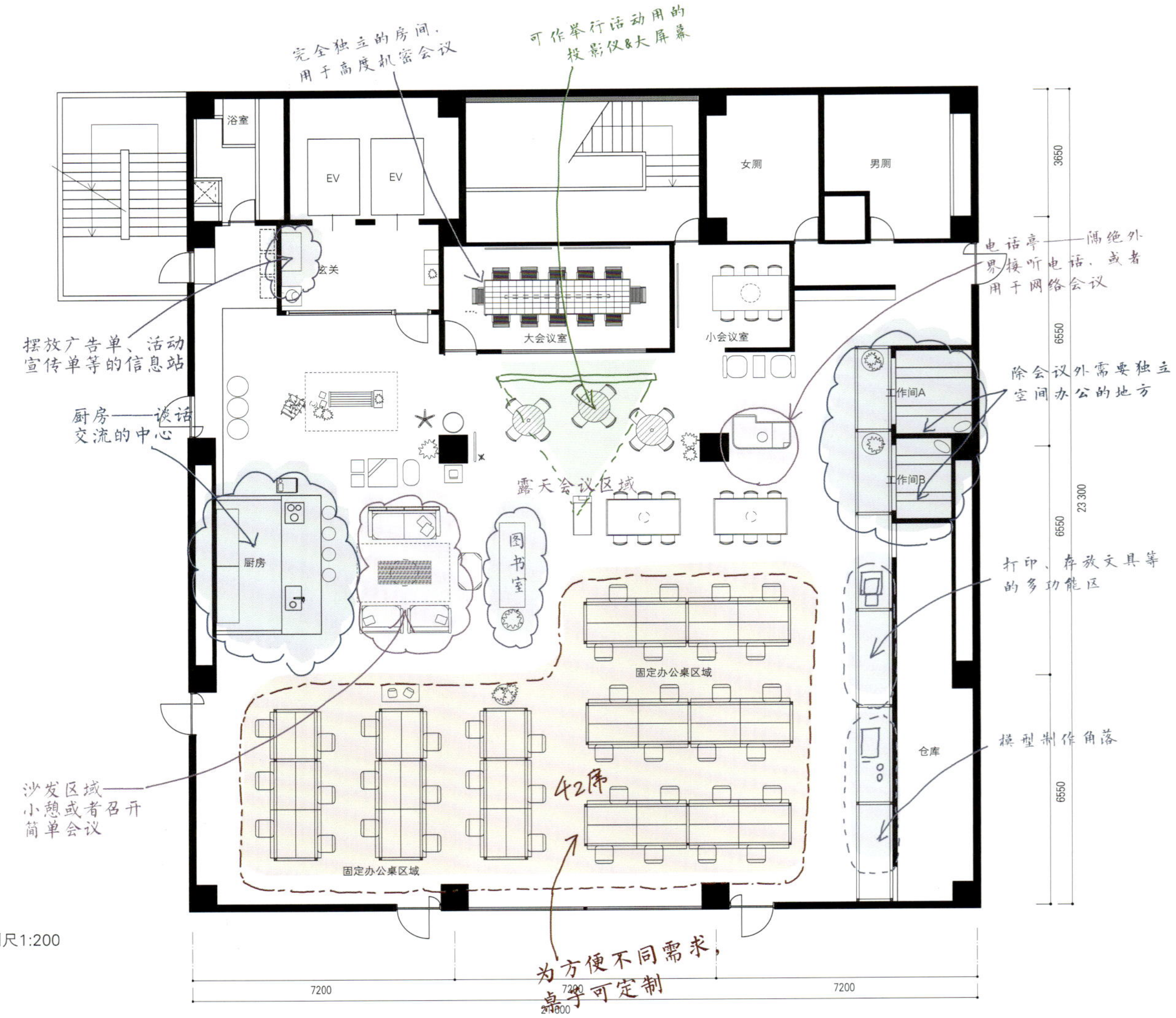

完全独立的房间，用于高度机密会议
可作举行活动用的投影仪&大屏幕
浴室
EV
EV
女厕
男厕
玄关
大会议室
小会议室
电话亭——隔绝外界接听电话，或者用于网络会议
摆放广告单、活动宣传单等的信息站
厨房——谈话交流的中心
除会议外需要独立空间办公的地方
工作间A
工作间B
露天会议区域
厨房
图书室
打印、存放文具等的多功能区
固定办公桌区域
仓库
模型制作角落
沙发区域小憩或者召开简单会议
42席
固定办公桌区域
为方便不同需求，桌子可定制
3650
6550
6550
6550
23300
7200
7200
7200
21600

平面图　比例尺1:200

柱子涂装 F25-50B
原有墙壁涂装 F25-85A
隔断墙涂装 F25-60B
原有SD涂装 F25-85A
厕所前隔断墙涂装 F25-60B
原有墙壁涂装 F25-85A
屏幕箱
4000
FIX
FIX
FIX
FIX
1225
940
2200
2200
4200
200
小会议室
工作间A
900
1400
2800
7200
7200
7200

剖面图　比例尺1:150

大会议室视角。桌板为太阳能板

承重架（特制涂装）
W3000 mm×D1200 mm×H2400 mm
模数2联结
面板：柳安木板
t=21 mm 涂油处理
桌板：柳安木板
t=24 mm 涂油处理
353
344
686
2226
1776
1336
729
1315
1450
1450
358
21
586
400
600
700

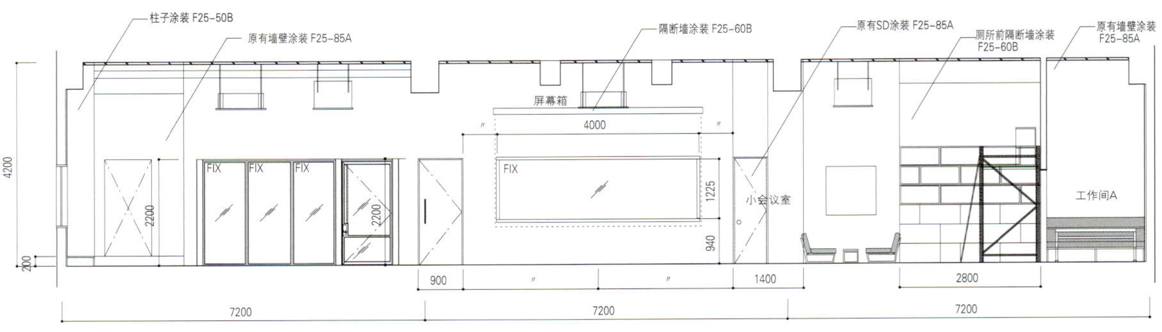

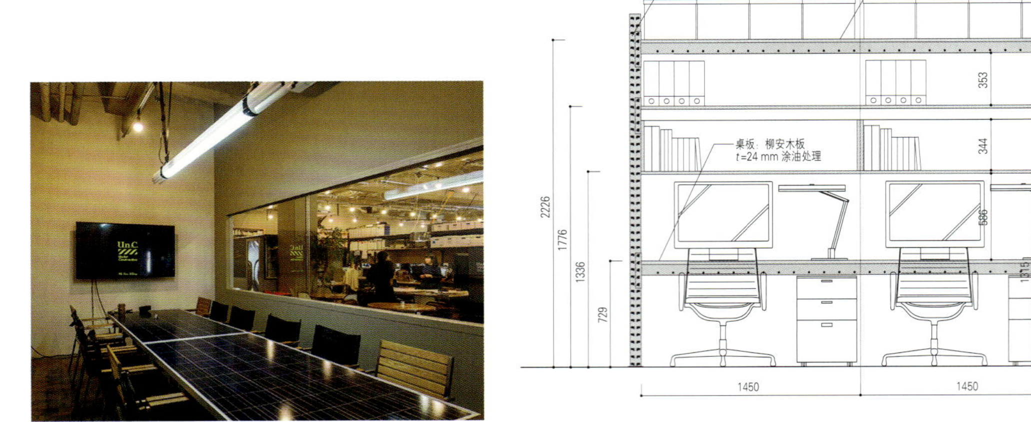

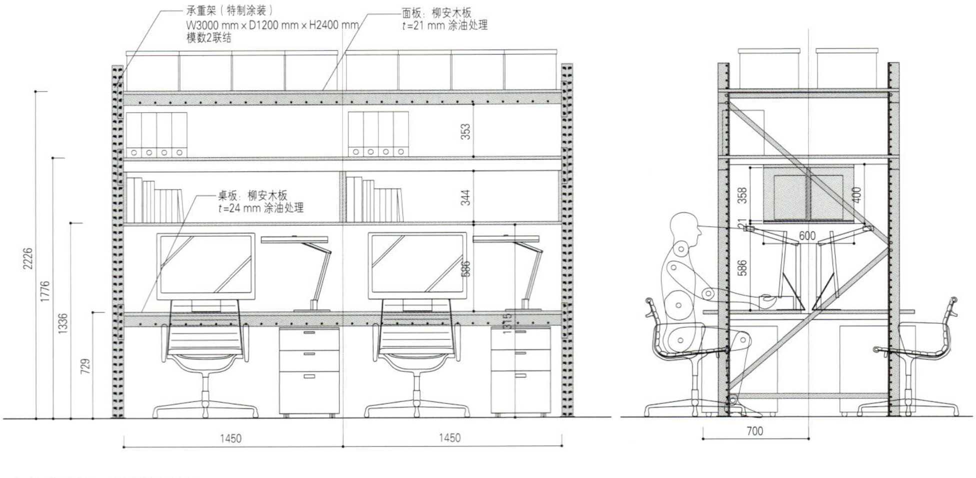

办公家具图　比例尺1:50

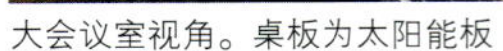

从会客区看向固定办公桌区域。

从厨房前侧看向电梯门厅。右前方沙发由工业用货架改装。里侧有由信号机和扭蛋机制成的观叶植物容器

Open A办公室。仓库用货架作为办公桌兼收纳柜。向内侧望去可见固定办公桌区域

从全开放会客区看向半隔断小会议室。桌板由废弃铝材切割而成

南侧视角。面向道路一侧的2层空间外部，刮去原有的瓷砖后涂装防水涂料

“噪声”积聚又不失和谐的办公场所

该项目场地原为存放婚礼用品的陈列室兼仓库，经设计翻修后建成办公室。The Parkrex日本桥马喰町是三菱地所主营大楼翻修项目之一。Open A负责大楼整体改建，建成后中小企业等纷纷入驻。各楼层有多样的办公室形式，Un.C.-Under Construction-就是其中之一。除Open A之外，另有约40名个人或企业职员在此共享办公室。

一进门，首先映入眼帘的是风格奇异的家具和照明设备。这里是Open A和与产业废弃物处理公司NAKADAI的废旧物品再利用合作项目“THROWBACK”的典型作品。将各式废弃物重新加工后创造出拥有新价值的物品。用太阳能板制成桌板，以跳箱制作长椅和桌子，将集装箱和栈板等物流材料改装成沙发等30多种实用物品。从“THROWBACK”项目衍生的物品上可以隐约看出其原本的模样和用途，如同噪声一般在整个空间蔓延开来。正是有这样的“噪声”存在，在这里工作的人们才能自然而然与访客展开对话，提升工作效率。此外，办公室里侧的固定办公桌由仓库货架改制而成，为方便个人使用而进行定制，构成整个办公空间的一道风景。我们旨在让这些各不相同的“噪声”积聚，却又可以保持和谐。Open A不仅是该办公室的设计师，也是运营者，所以常常添加一些必要的新功能。正如“Under Construction”的名字一样，办公空间并未完全成形，而是在不断完善之中。

（大桥一隆/Open A）

西南视角。原先作为存放婚礼用品的陈列室兼仓库，门户较少

区域图　比例尺1:5000

5层 ever sense
IT类中小企业进行儿童教育APP的企划开发。公司特色是具有提供午餐的厨房和供孩子们玩耍的小台子。

6层 三菱地所集合住宅翻修事业部待客区域设有休闲设施，轻击高尔夫、单杠等。

7层 Un.C.–Under Construction–
共享办公室，一个让人心生欢喜的地方，公园一般的办公空间。主要理念是常常发生改变，一直处于施工中。

2层 ever sense
用于集合的楼层。

3层 Dialog in the dark
提供身处黑暗环境的社交娱乐项目。进行企业培训和人才培养。

4层 Tigerspike
以手机软件为中心进行电子产品企划开发的企业。由移动办公家具构成。

1层 WORKAHOLIC/caffeineholic
主打高性能椅子的办公家具精选商店，以红茶、绿茶和意式咖啡为主的吧台。

剖面图

6层：三菱地所集合住宅

*图片提供：森田纯典

2层、5层：ever sense*

4层：Tigerspike*

3层：Dialog in the dark Tokyo Diversity Lab*

1层：WORKAHOLIC/caffeineholic

“Re大楼”（旧房翻修事业）

“Re大楼”（旧房翻修事业）是活用三菱地所集合住宅的项目。虽然这些大楼地段好、交通便利，但是空房率不断攀升。该项目成立于2014年，为提升收益和价值，对经济价值下降的老旧大楼实行迎合市场需求的翻修或用途更改。

（编辑部）

设计：建筑：Open A
设备：平本设备顾问
施工：三和建设+Modern Apartment
楼层面积：445.09 m^2
所处层：7层（地下1层　地上7层）
结构：钢筋混凝土结构
工期：2016年10月—11月
摄影：日本新建筑社摄影部（特别标注除外）
（项目说明详见第172页）

佐久间办公楼

设计　大建设计 NAWAKENJIM
施工　栗山组
所在地　岐阜县岐阜市

SAKUMA OFFICE
architects: DAIKEN ARCHITECTS ASSOCIATES NAWAKENJIM

这座坐落于岐阜市中心的建筑，是隶属于本次项目设计方——[illegible]建设计事务所的办公建筑。陈列展示文件资料的开放式设计以及家具[illegible]化（将家具纳入建筑设计范围内，使其成为建筑的一部分），都有助于员工之间交流信息。此外，跃层式的空间结构、打乱小组格局的开放式工位，能促进公司内部的信息共享，实现建筑空间的整体感

左：从3层–1处俯视通风口。在建筑物中央设置通风口的跃层式结构，将局部空间联系起来，营造出空间的整体感/右：建筑物中央的通风口和楼梯。铁网制成的楼梯踏步，在保持视线通透的同时，也增强了通风效果

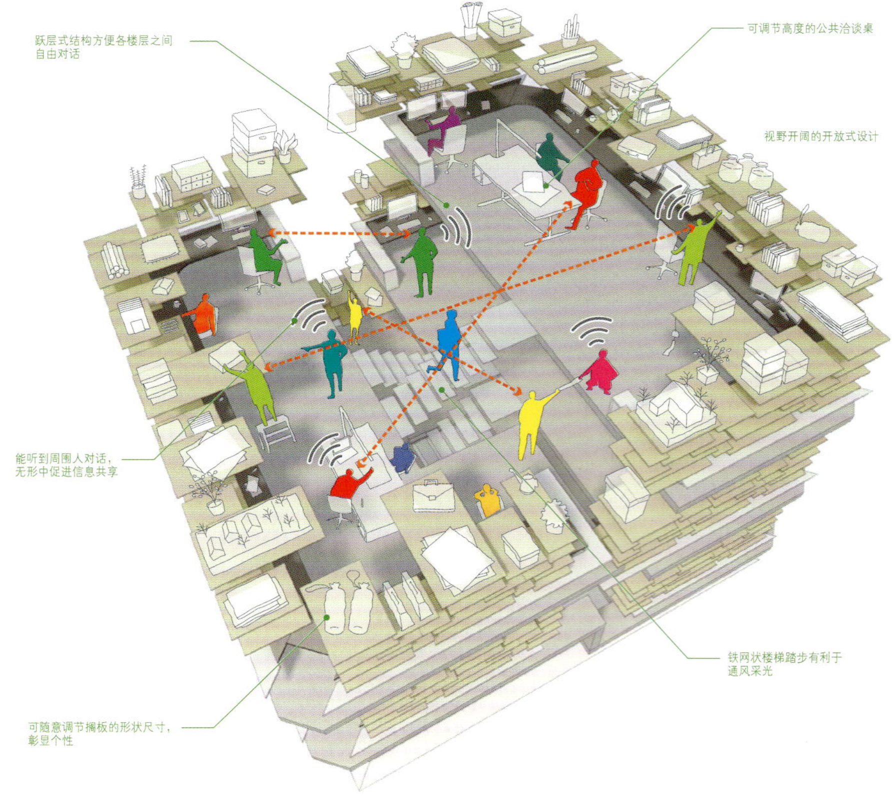

跃层式结构方便各楼层之间自由对话
可调节高度的公共洽谈桌
视野开阔的开放式设计
能听到周围人对话，无形中促进信息共享
铁网状楼梯踏步有利于通风采光
可随意调节搁板的形状尺寸，彰显个性

空气交叉流动图

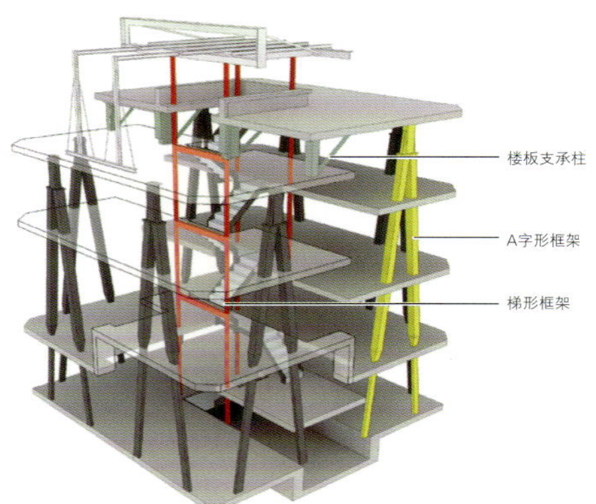

楼板支承柱
A字形框架
梯形框架

结构框架

"串话式"交叉空间框架（A字形框架+梯形框架）——构成连续性空间和非连续性结构

为使空气交叉流动（内部环境）与"串话式"交叉空间（跃层式结构增加了员工之间交流互动，形成可相互"串话"的开放空间）同时成立，需要维持空间的连续性。为了在地上3层的钢筋骨架结构与地下1层的钢筋混凝土结构中确保这种连续性，在平面上，我们在每层楼板的中央位置设置同样大小的通风口（构成一个贯穿整栋楼的"竖井"），并对建筑内角落处进行转角处理，从而解放整个平面结构；在立面上，由于跃层式结构将建筑整体分成相互交错的两个部分（原本一层高度被切分成两个半层），而针对每层地面，我们交错采取了每半层"跳跃式"的楼板结构。由于进行了转角处理，建筑平面无法与正交梁直接相交，于是在建筑外围部分设置可以贯穿整个楼层（避开楼板角落处）的A字形框架（拉条兼框架柱），均匀承担内部水平荷载。另一方面，因每半层"跳跃式"的楼板结构一定程度上破坏了平面内刚度，而建筑物中央兼具承重柱作用的梯形框架（空腹桁架作用），以及楼板支承柱（斜撑作用）可对此进行弥补，使整体形成"串话式"的交叉空间框架。（名和研二/NAWAKENJIM）

2层-2视角。将开口部位设置于角落处能有效防止电脑屏幕反光

地下1层的厨房。为遵循架空式结构有助于空气流通的设计规则，厨房采用订制的悬挂式桌椅，原本平淡无奇的桌椅一下子成了摇摇晃晃的秋千，别有一番特色。此外，半地下结构的厨房作为建筑内部的多功能区域，四周采用玻璃材料营造开放式空间。

北侧外观

这座坐落于岐阜市中心、规模为30人的建筑，是隶属于大建设计事务所的办公建筑。在设计之初，设计师便打算维持惯有的“办公桌上文件资料堆积如山”的工作风格，在此基础上还计划创造出公司内部信息自然共享的开放式办公空间。

家具设计建筑化

在设计办公环境的最后阶段，虽然多处采用了办公家具，但实际上工作风格因人而异，陷入了“众口难调”的困境。而家具设计建筑化，不仅能满足员工们不同风格的需求，还能激发办公区域的空间潜能。在本次计划中，为弹性适应人数的变化，摒弃了以往被个人工位划分的“零碎”的办公桌，将办公桌打造成沿墙面延伸的一体式长桌，将进深尺寸扩展到1200 mm，确保其上方有足够的空间。此外，尝试了全新的三维立体化附带搁板架的开放式设计，创造出新的办公桌环境，即摒弃以往将文件资料收纳起来的方式，将其置于“随手可得”的显眼位置，提高办公效率。与此同时，为保证建筑内部具备通透的视线、良好的通风性能，将架空悬挂式设计（即地面上尽量不放置物品）列为本次项目的设计原则。将建筑化家具沿10 m×10 m的墙线设置，员工回头便能看到彼此，形成了距离感恰到好处的办公区域。也通过将建筑化家具引入办公区域，创造出一种全新的社交环境。

“串话式”交叉空间

在这种开放式办公区域里，不论处于哪个座位几乎都能将员工全貌“尽收眼底”，得以和任何一位同事进行对话交流。此外，改变传统的以小组为单位集中设置工位的方法，打乱小组格局交错布置，这样有利于打破小组之间的交流屏障，实现信息共享。小组内部的信息也能由此与全员共享，达到意想不到的沟通效果，实现“串话式”交叉空间，这也是办公楼这一公共空间的真正意义所在。

（铃木EIJI）

（翻译：汪茜）

东南侧外观

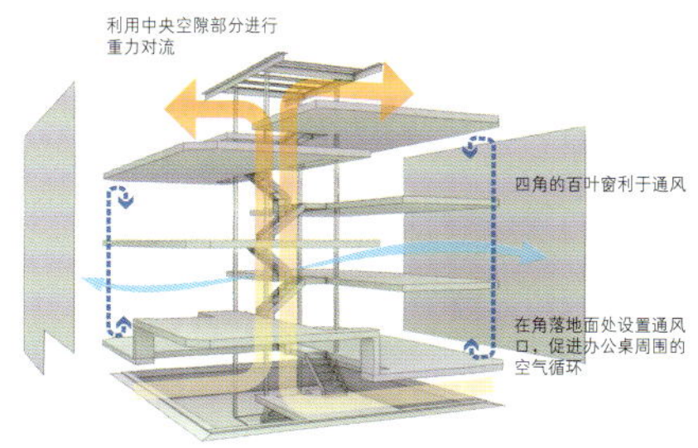

利用中央空隙部分进行
重力对流
四角的百叶窗利于通风
在角落地面处设置通风
口，促进办公桌周围的
空气循环

空气交叉流动图

空气交叉流动：用最小的开口部位创造出舒适的环境

将办公区域的门窗设置在角落处能有效防止电脑屏幕反光。不管室外风向如何，重力对流（由屋顶处内外空气温差引起）都能通过最小的开口部位实现建筑内部的空气流通（交叉流动），达到良好的自然通风效果。空调计划是利用建筑物中央的间隙部分（通风口）以及角落的地面开口部分（通风口）之间的自然对流，达到消除建筑物整体温度差的自然通风效果，同时利用冬季的被动式太阳能系统，无须特殊机器，只需家用空调的最低能量，就足以维持室内舒适的温度。

（山田浩幸+铃木EIJI）

左：建筑物中央通风口的仰视角度，梯形框架贯穿楼梯四周/右：角落处。建筑物内部的转角处理，旨在增强通风效果

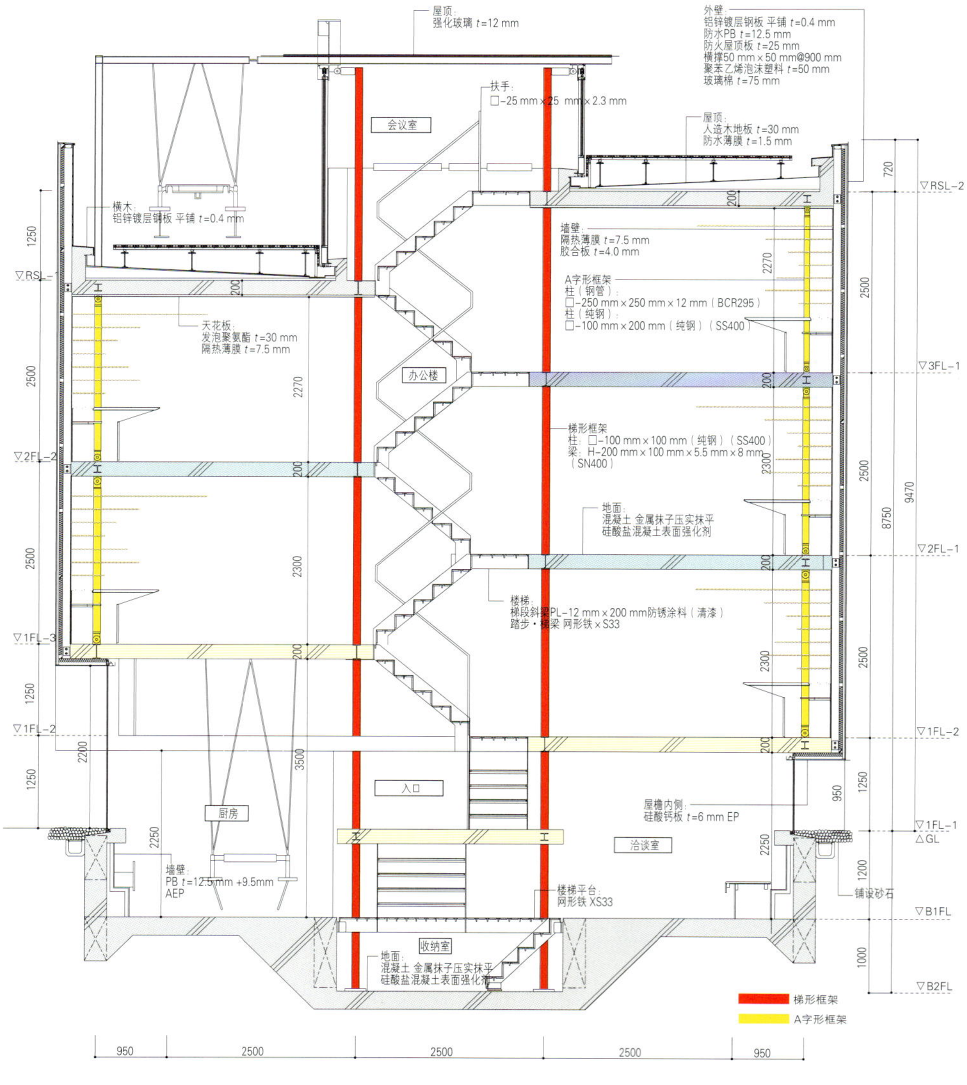

东西剖面详图　比例尺1:100

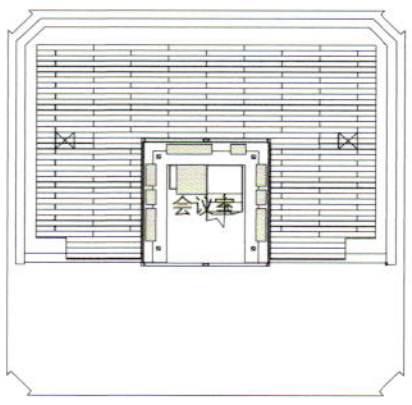

屋顶–2 平面图

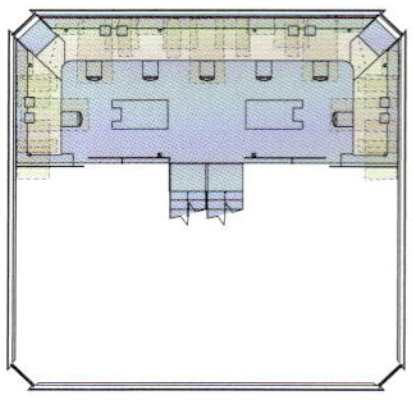

3层–1平面图

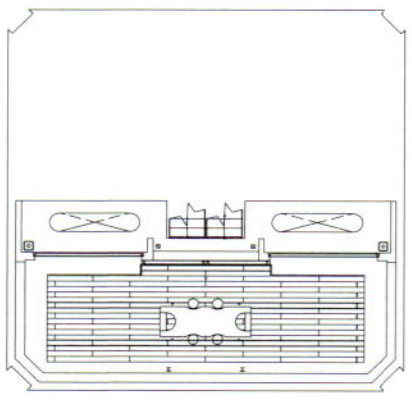

屋顶–1 平面图

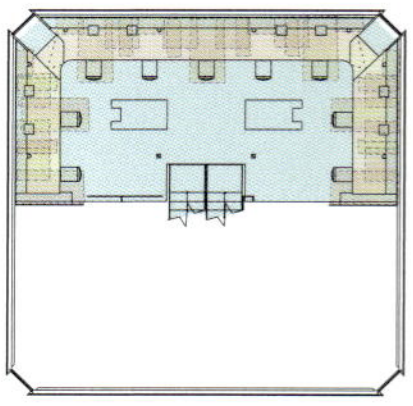

2层–1平面图

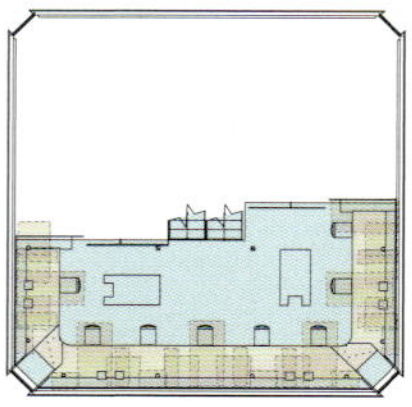

2层–2平面图

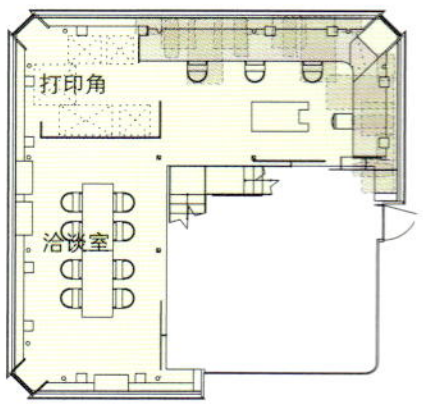

1层–2平面图

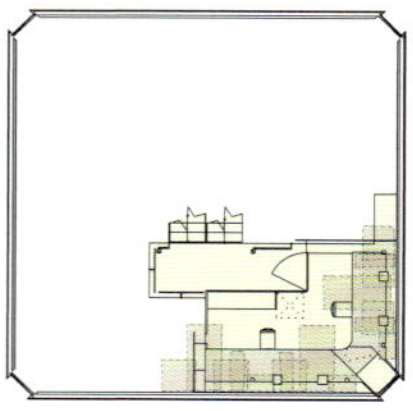

1层–3平面图

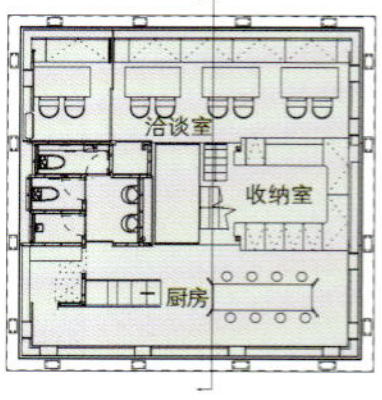

地下1层平面图　比例尺1:400

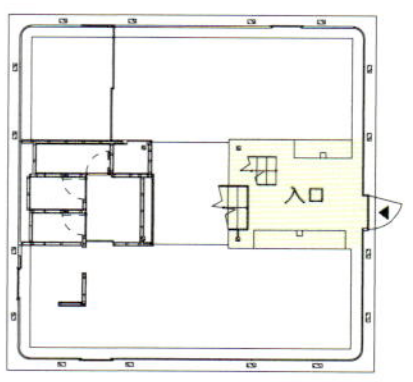

1层–1平面图

上：办公桌周围景象。家具设计建筑化使每位员工的办公桌都独具个性

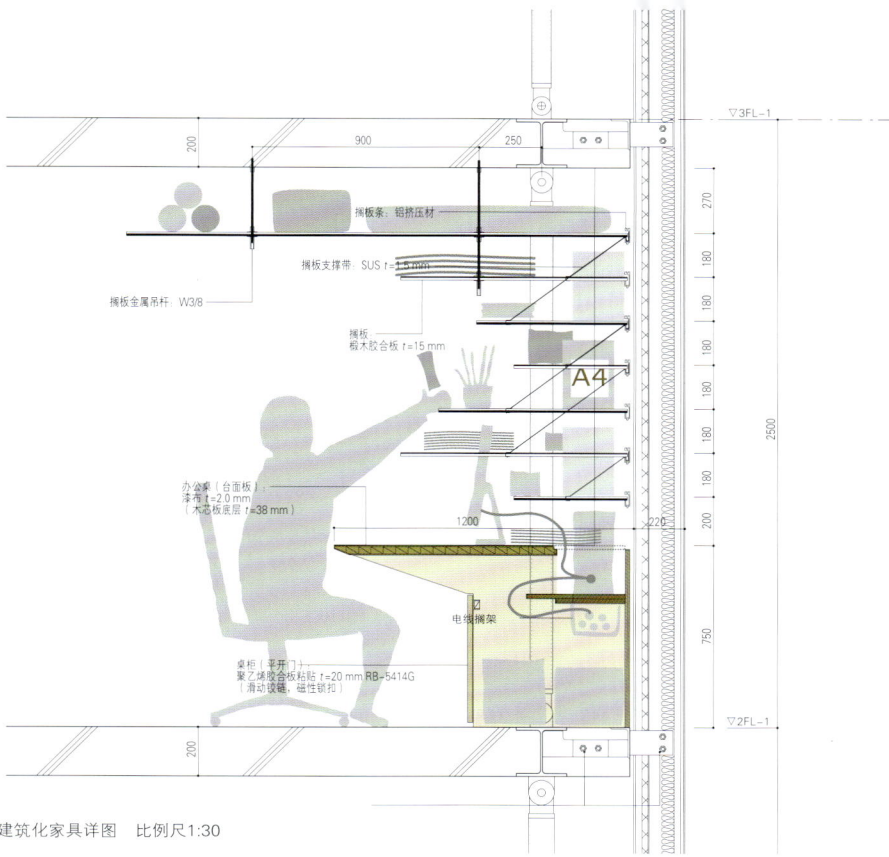

中：家具设计建筑化形象图

搁板条：铝挤压材
搁板支撑带：SUS t=1.5 mm
搁板金属吊杆：W3/8
搁板：椴木胶合板 t=15 mm
办公桌（台面板）：漆布 t=2.0 mm（木芯板底层 t=38 mm）
电线搁架
桌柜（平开门）：聚乙烯胶合板粘贴 t=20 mm RB-5414G（滑动铰链，磁性锁扣）
▽3FL-1
▽2FL-1

建筑化家具详图　比例尺1:30

设计：建筑：大建设计
　　　结构：NAWAKENJIM
　　　设备：yamada machinery office
施工：栗山组
用地面积：225.44 m²
建筑面积：106.12 m²
使用面积：357.92 m²
层数：地下1层　地上3层　阁楼1层
结构：钢筋骨架结构
工期：2017年3月—2018年1月
（项目说明详见第173页）

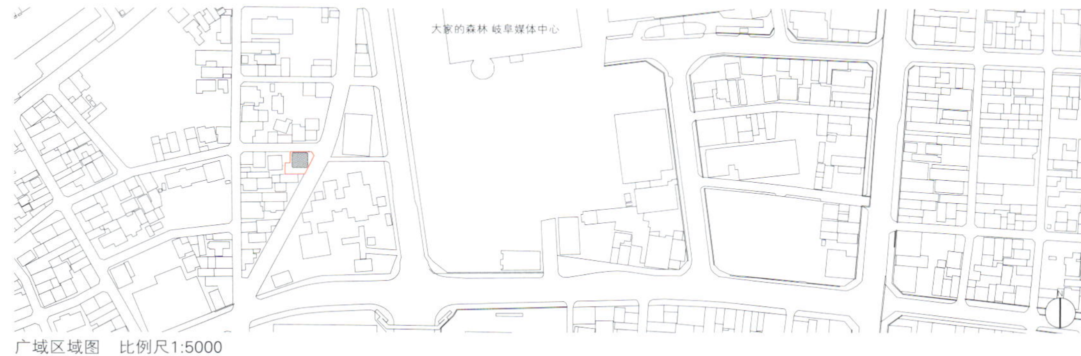

广域区域图　比例尺1:5000

1：建筑物东侧的桌椅/2：地下1层的厨房餐桌/3：屋顶的桌子/4：1层-2的洽谈空间。办公楼内部建筑化家具/5：地下1层的厨房水槽/6：地下1层设置用于陈列设计模型的家具

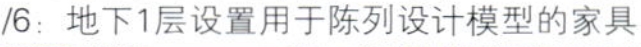

建筑位于洛杉矶，是寺崎研究所的新研究设施。多功能走廊环绕建筑外围，研究所“镶嵌”其中

长9420 mm、宽6380 mm、高7770 mm的中庭。屋顶由玻璃纤维增强聚四氟乙烯膜制成，中央设置经过金属离子（铬）处理的玻璃纤维眼状孔，映射出内外两个世界

UCLA寺崎研究中心

设计　阿部仁史工作室 House & Robertson Architect

施工　Taslimi Construction Company

所在地　美国，加利福尼亚州洛杉矶

TERASAKI RESEARCH INSTITUTE

architects: ATELIER HITOSHI ABE HOUSE & ROBERTSON ARCHITECT

左：通道处设置兼具书店功能的长廊。坡屋顶上设有天窗，开口部位沿建筑前方道路设置，形成向外延伸的中庭空间
右：多功能走廊的尽头处，其东侧墙面上设有巨大的液晶显示屏，可在演讲和聚会时使用

具有高度差的多功能走廊使建筑多了一丝变化

“非正式”的光之空间

项目建筑坐落于洛杉矶市加州大学洛杉矶分校（UCLA）正门前广阔的学院街上，是一栋隶属于西木区寺崎研究所的综合建筑，其中包含办公室、研究室、多功能室等功能性区域。对原建于1920年的弓形桁架建筑，只保留其东西两个主立面，从基础部分开始进行改建。

该研究所在脏器移植试验领域处于领先地位，目前已拥有用于当下研究的建筑设施，本次项目主要目标在于发挥研究所总部的办公功能，在此基础上，以举办脏器移植相关的启蒙活动、扩大研究所活动区域为目的，为各类公共活动提供新场地。

建筑内部连续分布着3个光线通透的中庭，宽阔的线形空间（多功能走廊）周围设置多种区域。多功能走廊贯穿整个建筑，始于兼具书店功能的长廊（面朝西木区大街），终于设有巨大液晶显示屏的墙壁。在终点处可以举办演讲会、研讨会、聚会等各类交流活动。1层比邻而立的会议室、洗手间、厨房以及仓库，赋予了走廊多种功能。

建筑内共有3个中庭，内侧的两个中庭由自行车轮形状的张力结构支撑，上面覆盖半透明的双层膜结构屋顶。整个建筑外侧并未设置窗户，所有房间均朝向光线柔和的中庭。装有透镜的屋顶在过滤光线的同时，可吸收上升的温暖空气，具有调节温度的作用。此外，通过中央部位的眼状孔（圆形天窗、四周环绕漏斗状透镜），可以望见深邃的蓝天，经眼状孔过滤的自然光，使中庭充满了随时间变化而不断变换的光线。

透镜可以同时倒映出西木区的街区轮廓以及建筑内部景象，在颠倒建筑内外关系的同时，将街区风景引入中庭内部。

（阿部仁史）

（翻译：汪茜）

开口部位面朝多功能走廊，通过组合搭配各类大小不一的窗户，有效平衡各办公室的私密空间以及中庭区域的开阔视野。多功能走廊的墙壁经过拉毛粉饰处理，使倾泻而下的光线具有多样化表情

上：楼梯间景象。2层走廊周围设有研究人员的个人办公室/下：从开放式休息区看到的多功能走廊。由于此墙壁非承重墙，所以开口部位可自由设置，以保持视线通透

区域图　比例尺1:8000

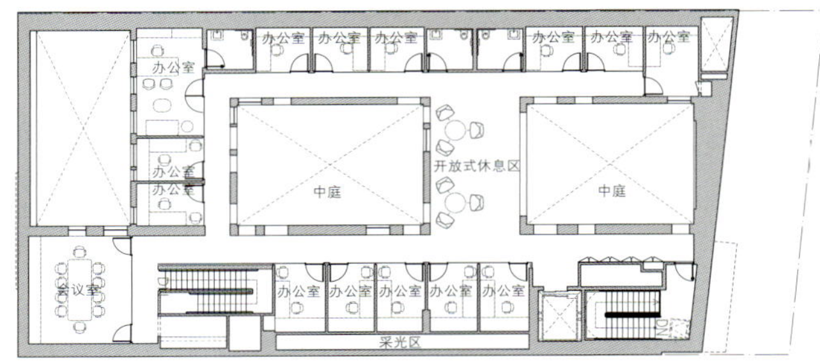

2层平面图

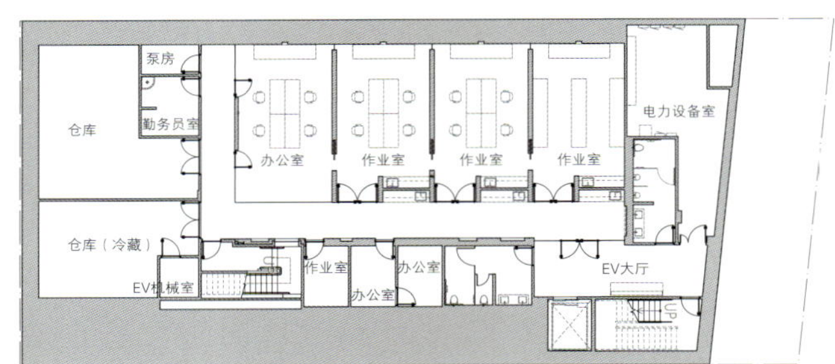

地下室平面图　比例尺1:500

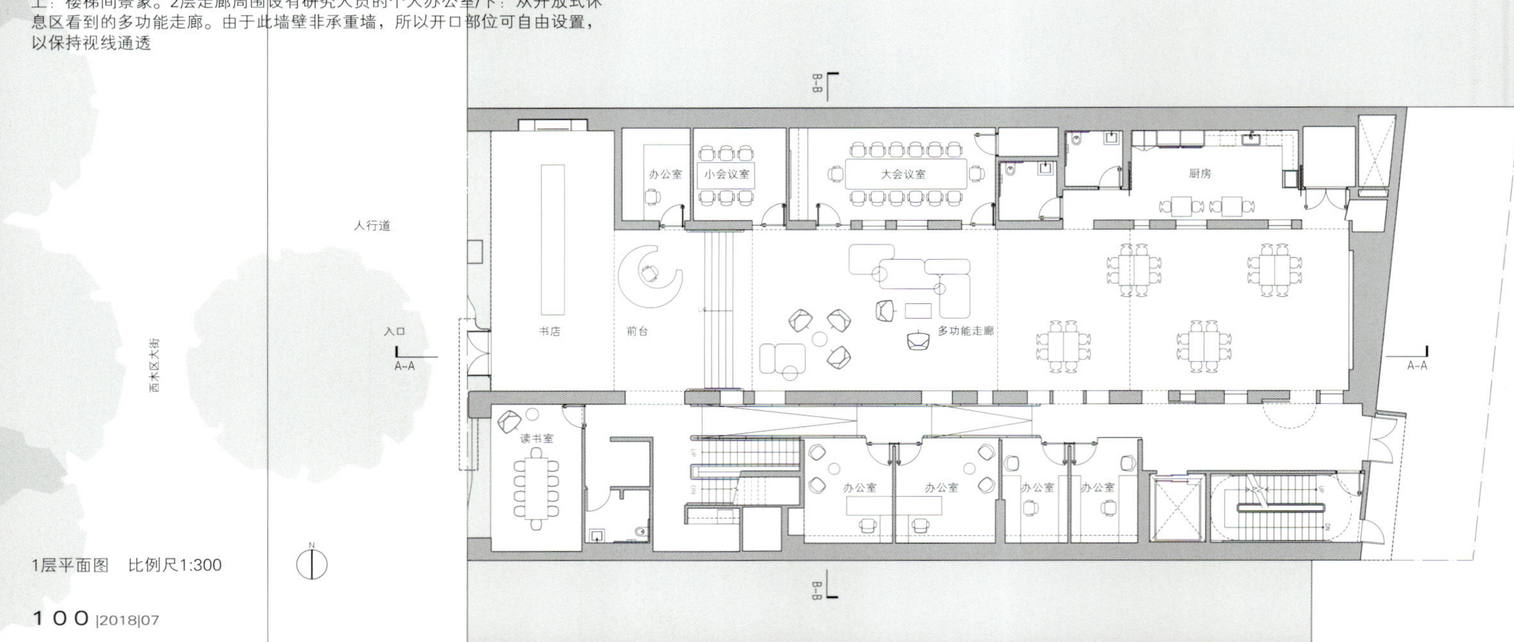

1层平面图　比例尺1:300

西侧外观。旨在将内部空间打造成外部道路的延长线

左：原本作为艺术长廊的建筑，将其主立面的装饰物除去，只保留轮廓并进行涂白处理。这是一片面向学生的商业区，其中汇集着饭店、精品店、咖啡馆等商铺/右：由会议室改建而成的理事办公室，形成与坡屋顶形状相呼应的空间结构，顶棚高度为3890 mm~5200 mm*

设计：建筑：阿部仁史工作室
House & Robertson Architect
结构・设备：Buro Happold
施工：Taslimi Construction Company
用地面积：819 m²
建筑面积：671 m²
使用面积：1170 m²
层数：地下1层　地上2层
结构：钢筋骨架结构
工期：2015年9月—2017年8月
摄影：Roland Halbe
*摄影：Kentaro Yamada
（项目说明详见第173页）

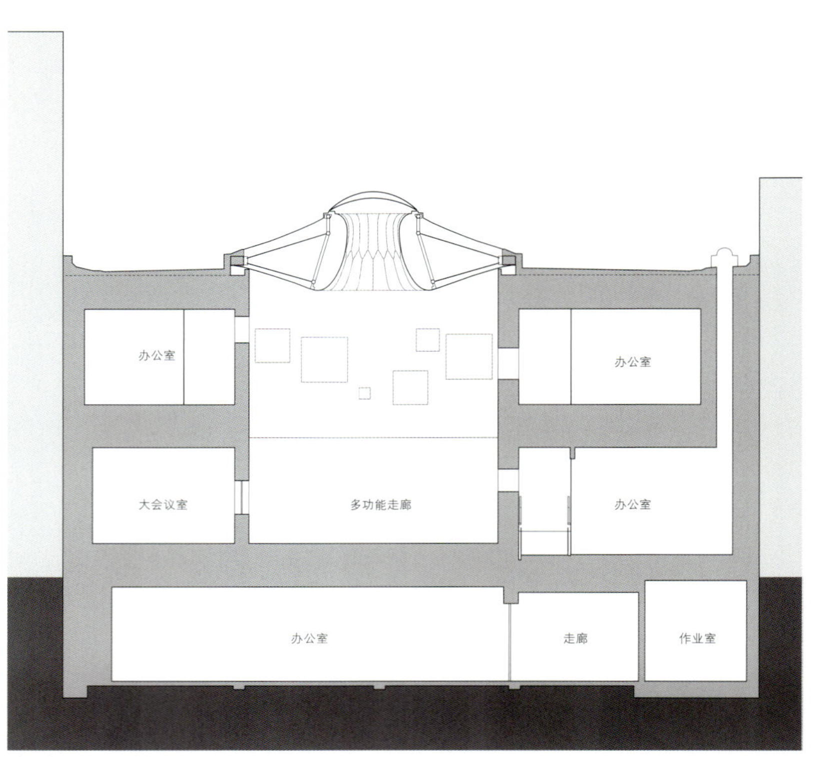

东西剖面图　比例尺1:200

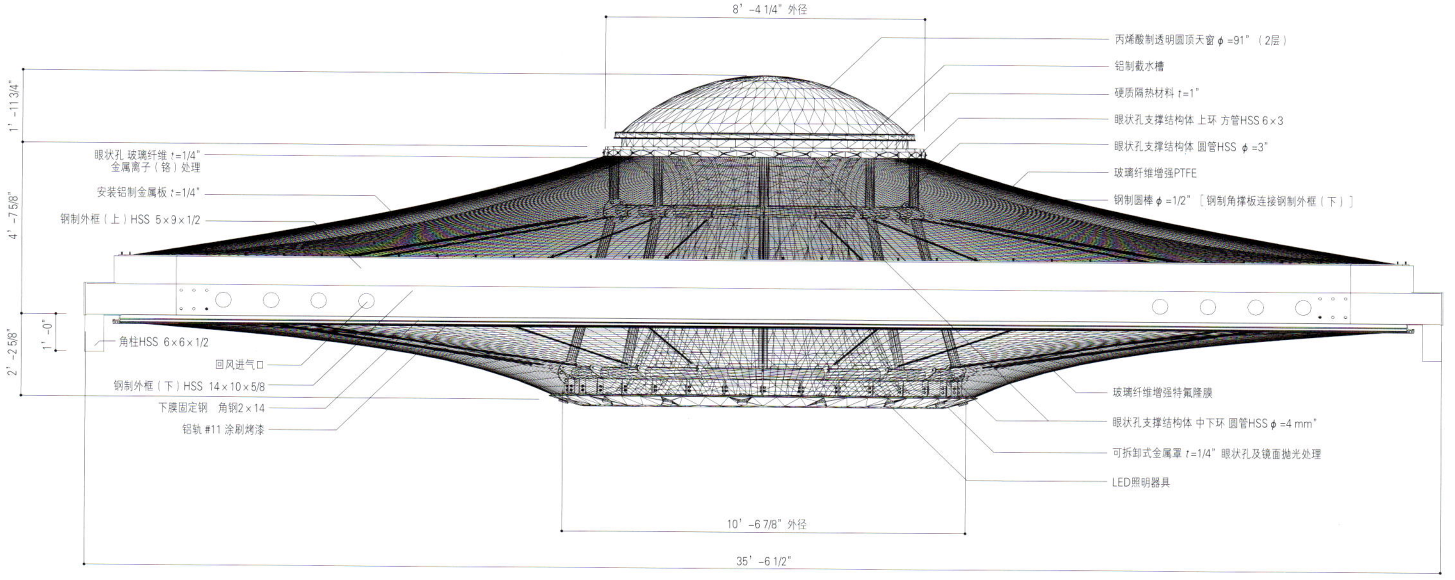

眼状孔详图 比例尺1:60

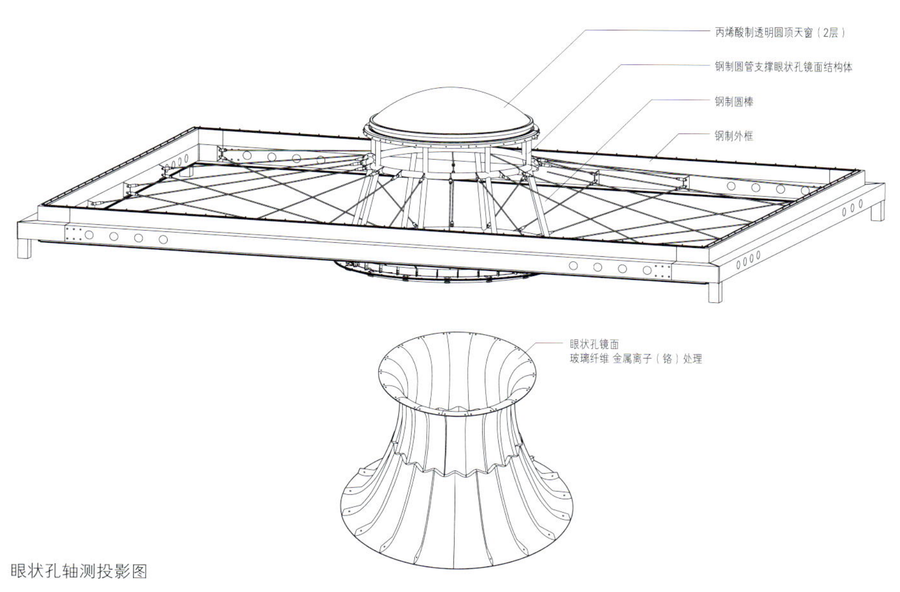

眼状孔轴测投影图

数根钢制圆棒分别连接中央钢制张力环的上下两端，并呈放射状向眼状孔天花板的钢制外框延伸，旋转张紧器的张力支撑着透镜的云状框架

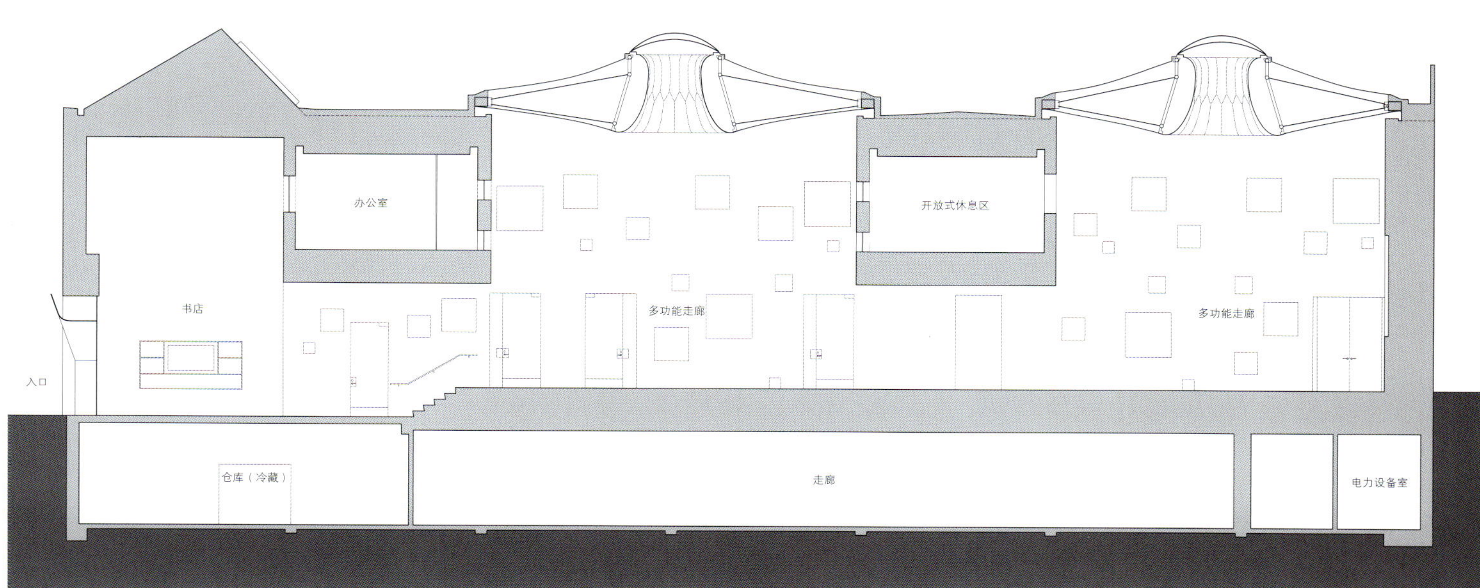

南北剖面图

体现工作场所的现代感

阿部仁史（建筑师）

我曾经通过对未来生活环境的研究，以著书的形式将近代以后居住环境的扩张、增值，以及劳动空间、公共空间等环境整体的扩张现象进行阐述（《a+u》临时增刊，《HOUSE OF THE FUTURE》，作者 阿部仁史等）。书中写道“未来我们的居住环境，是家之外的地方会逐渐变得家居化。外部和内部、公共和私人、工作和家庭、劳动和娱乐等以现代主义动感为个性的二元论会逐渐消失”。

我们固有的观念是职住分离二元结构，这是20世纪最有影响力的建筑规范之一。这种职住分离的二元结构源于都市以及建筑的构成。进入21世纪以后，家居办公和远程办公的出现，使闲暇时间被工作占据；另一方面，随着创造性办公区域的产生，人们又能利用工作时间休息放松，这种工作时间和休闲娱乐的相互交织使得职住环境融为一体。工作区域的建筑设计，是促进居住环境和工作环境从20世纪的职住分离向职住一体转变的最大推动力。

1. “非正式”空间：从功能空间到交流空间

建筑作为一种固定“容器”，起着将一系列规范活动收纳其中的作用，就本质上而言，建筑是将内部活动着的人们的行为进行规范的正式场所。同样，20世纪的办公空间是一种将劳动行为特定化的正式场所，以生产管理为基本目的，因工作性质、目的不同而进行空间划分。但进入21世纪以来，以Google为代表的创造性办公区域设计引领了时代潮流，从上一代员工熟悉的相互分隔的工作区域中解放出来，将“非正式”元素引入工作空间，并以此为特色进行空间设计。灵活多变、开放共享的办公空间，在提供免费的咖啡、食物，以及休闲游戏等多种服务的同时，也体现休闲、居住空间的设计创意。这是由于在注重知识创造、不同行业相互合作的现代职场中，“非正式”办公空间能有效激发员工的创造性和交流。不同于以往的办公区域，“非正式”办公空间不会局限于某种特定属性，它包容了之前不被认可的非工作行为，如创造性的空间利用、偶然发生的交流对话、意想不到的会面等，它寻求的是灵活性和多样化。但是，就像人们不可能将无法设想的行为计划出来一样，设计出没有功能属性的空间是一件很难办到的事，因为这违反了建筑的本质。

于是，在一般建筑中扮演配角的玄关、走廊、休息室等设施，摇身一变成了多数创造性办公空间中的主角。通过设计开阔的走廊等剩余空间，发现了很多意想不到的使用方法，产生了人与人之间沟通交流的别样趣事。没有限定用途的空间，能够更加灵活地接受各种使用方法，在各类人群都能使用的场所里，更容易产生相互之间的交流对话，空间属性因沟通内容不同而发生相应变化，由此成为极具现代特色的第三空间（除职住空间之外不受功利关系限制的公共空间）。建筑的主角，正逐渐从限定用途的功能空间，转变为可以吸纳不同人群、包容多样活动的交流空间。

2. 加速空间的流动性：向post・type・architecture转变

以信息技术为代表的科学技术的飞速发展，能够将我们所向往的“职住空间一体化的世界”变为现实。各类技术的发展能够提高人群的流动性，弱化建筑作为“人类活动容器”的空间性格，创造出不限时间不限用途普遍存在的空间环境。智能手机等机器将人与人之间的各类信息连接起来，其可携带属性使人们不必局限于某一特定场所，提高了空间场所的流动性。最近颇为流行的联合办公空间（coworking space），是大环境潮流的最新产物。在日本为人们熟知的这种办公空间，通过出租建筑空间、提供室内装饰和服务、征收会费而成立，一般以自由撰稿人、新公司等为服务对象。这类空间用途广泛，例如对于在大公司、大学等公共机关工作的人群而言，就可将其作为第二办公室使用。在加利福尼亚州，诞生了各种极具特色的联合办公空间。有趣的是，这种工作空间并非仅存在于高楼大厦中，可以说毫不拘泥于建筑物的功能属性。多数情况下，人们选用的不是高楼中的办公室，而是独具个性的仓库等用于生产作业的建筑物。在选择建筑物的时候，他们注重的是面积大小、顶棚高度、是否临近交通设施，而不太注重建筑物的个性，即是否可以作为办公空间使用等甚至都不成为问题。这种工作空间并不是直接嵌入既有的建筑物之中，而是在发挥建筑物个性的同时，通过增加创造性的氛围以及便捷性，将空间分割成小的组合，用弹性且便于使用的方式为客户提供办公场地。

成立于2010年，目前在全世界已经拥有20万会员的大型办公场所租赁公司“WeWork”，已经将其业务扩展到多个领域，如提供租房服务的“WeLive”、健身服务的“Rise by We”、新型学校“WeGrow”等。同样，他们在选择建筑物的时候，优先考虑的是便捷性和稳定性，而不是建筑造型能否与项目特点吻合。WeWork于2015年收购

两张图片提供：JOji Kakiya

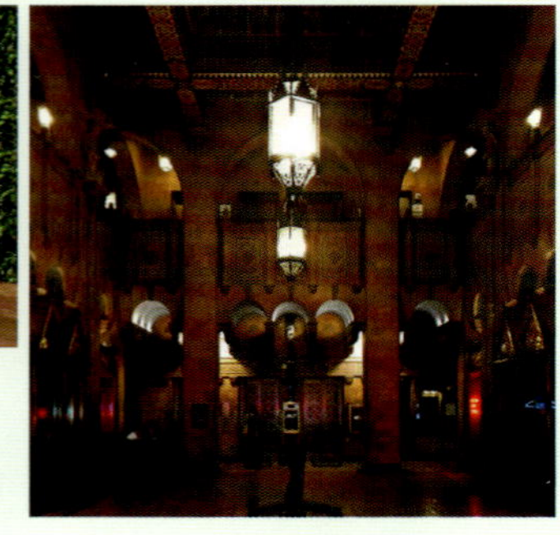

左：洛杉矶，卡尔费城（Culver City）中一处WeWork的主入口
右：洛杉矶，坐落于商业区的造型艺术大楼中的WeWork大厅

了建筑信息提供商CASE，以便最大限度提高其资产利用率。通过将掌握空间使用信息技术的公司纳入旗下，WeWork将会逐步调整空间布局以求效益最大化，空间设计也可即时恢复到原本状态。卓越的BIM、AI技术，自制的内部装饰、各式家具，通过一系列技术与家具的组合，能有效改变空间环境，弹性应对各种变化。此外，WeWork还拥有智能设计体系，通过设定参数AI技术便可自动设计出几十种室内装饰布局，还能对人类行为进行识别，并以此为依据对空间布局进行相应调整。此项技术若与上述的CASE技术组合使用，那么谁和谁在哪儿碰面、做了什么等类似问题都可以轻易地进行数据量化，或许在不久的将来，AI技术展示出的空间布局能够最大限度地创造出“意想不到”的偶遇。这种在联合办公空间中诞生的创意，告诉我们传统写字楼束缚人们行为的做法已经行不通了。不同背景的人们来来往往，多种多样的行为相互混杂，在这个瞬息万变的世界里，独特的个性化装修承担了支撑人类行为的作用，建筑所指代的已不再是一个个固定的空间。在办公空间设计领域，建筑正逐渐摆脱“怎样都行、无所谓、环境固定”的写字楼式风格。此外，此类办公空间可以普遍存在于任何环境之内，或将有扩大之势。

3. 创造“劳动”的新型交流社区

洛杉矶有很多共享空间，“podshare”便是其中一种，它介于以WeWork为代表的联合办公空间以及共享房屋之间。他们所提供的是名为“pod”的个人床位（50美元一晚，提供电源、WIFI、照明、监控），以及连接netflix（在线影片租赁提供商）和Adobe（美国一家跨国电脑软件公司）的服务设备），分布在洛杉矶各处通往podshare的入口，是一种都市流浪者式的生活风格。例如居住在好莱坞podshare中的顾客，能够做到和在威尼斯podshare中一样的事情，洗澡、给电子设备充电、一直工作到度过交通高峰期。在这样的空间里，没有通常意义上保护个人隐私的隔间，被床铺包围的空间里，可以举办研讨会和各类活动，由此产生独特的居住文化。这种联合办公空间，已经超出了单纯意义上面向自由职业者的工作场所，以多种多样的形式，成了催生独特交流社区的平台。

“Hatchery Press”是面向剧作家和小说家的联合办公空间，由两栋相连的住宅组成，其开放时间从早上7点到晚上11点，安静优雅的环境氛围，是活跃在好莱坞的著名作家和新手作家们的聚集地和艺术沙龙开设地。附设有保育室的COLLB＆PLAY是厨房主角——妈妈们的联合工作区域。服装设计师丽塔・里格斯创造的“丽塔房屋”是沙龙（盛行于20世纪60年代）的原型，这个在西班牙殖民地风格的美丽房屋（建于1920年）中创造的联合办公空间，吸引了一批与她志同道合的人。近代以来，人们早已认识到以地缘、血缘为基础的传统交流社区已然瓦解。但是通过窥探联合办公空间的现状，可以发现当劳动从固定场所中解放出来，再一次和居住环境相交融的时候，在“劳动”这一具有强烈共有价值观的行为周边，将会出现新形式的“缘”，催生新型交流社区，这将是推动我们社会结构发生改变的巨大动力之一。今后的办公区域，将会以共享生活方式的社区为中心，根据各自不同的环境加以设计，从而突出彼此之间的差异性，千篇一律的办公区域将不复存在。

以上我就办公区域近年来发生的三个重大变化做了简述。可以说，这些变化是我们整体环境将要发生改变的三个征兆，从办公区域的设计到城市规划、建筑设计，以及我们的工作方式，这些都迫切需要我们重新思考。

制作：UCLA大学研究生院阿部仁史工作室 Alexander Abugov and Joshua Nelson

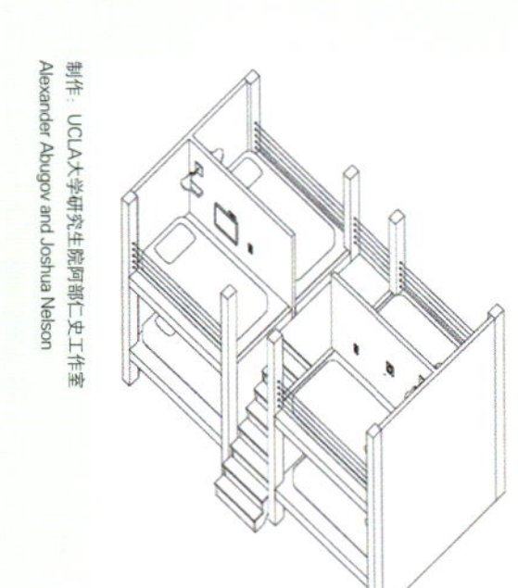

Podshare 的床位组合及平面图

图片提供：Joji Kakiya

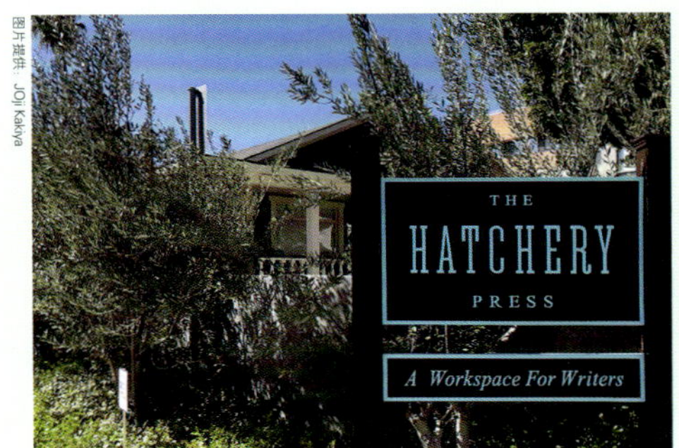

The Hatchery Press外观

富冈市政厅

设计　隈研吾建筑都市设计事务所

施工　TARUYA・岩井・佐藤 富冈市新官署建设工程企业联合体

所在地　群马县富冈市

TOMIOKA CITY HALL

architects: KENGO KUMA & ASSOCIATES

群马县富冈市新市政厅的项目于2012年提出，建筑用地临近“上州富冈站”，隈研吾建筑都市设计事务所被选中负责这一项目。此项目重视市政厅与世界遗产“富冈缫丝厂”的关系，重视其同城市之间的关系，并将其作为一种富冈市整体的构想，建设道路，计划在其中增设可供市民利用的大型广场、传统的“KAMAHIGARI”（小巷）和“通风顶”（养蚕农家的换气窗装置）

广域区域图　比例尺1:6000

连接城市的“小巷”——市政厅

为把公共建筑从“混凝土箱子”这一戏称中解放出来，我们在各处展开尝试，将富冈市政厅重新定义为一条平缓连绵的“小巷”，而非一个既冷又硬的“混凝土箱子”。

富冈市是一座历史悠久的“城下町”（古时，日本以城郭为中心成立的都市），至今仍然保留着一部分被称作“KAMAHIGARI”的弯曲小巷。建筑用地位于上州富冈站和富冈缫丝厂的中间，属于城市的中心节点。在这里，计划建设一条凝聚向心力的小巷，以此来重新连接、编织起分散于城市四处的零碎小巷。

为了化“箱”为“巷”，搭建斜坡屋顶，露出房檐，使用五种原木木材混合制成木质百叶窗（网格），建筑呈现规律性的循环结构。小巷一侧的主立面上，以人的身体大小为基准尺度设计空间。取代原有的巨大“混凝土箱子”，分化整体，呈雁行式排列，构筑大量富有“KAMAHIGARI”韵味的阴角和阳角，楼与楼之间的间隙同街道相连，行人在其中川梭往复。由此，在城市中完美呈现了“川流不息”之景。

在市政厅内部，为了营造“丝绸之城”温馨宁静、祥和雅致的氛围，我们搭建了斜坡屋顶的阁楼，并采用养蚕农家的换气装置——通风顶，在春秋季关闭空调，实现自然通风。

而且，我们还采用了一种新材料，即蚕茧抽丝和缫丝时剥落的“生碎丝”，以此设计新颖的壁纸，使其富有独特的质感，这在公共建筑的设计中是首次尝试。

邻近地区至今仍保留着一个木结构的富冈仓库，作为缫丝厂的基地之一，这里正在全面推进木结构再生计划。在富冈仓库和市政厅的中间，隔绝车辆，建造了一个面向市民开放的大型草坪广场。在这里每个月举办一次“月一市场”，有很多市民聚集在此，热闹非凡。

通过设计“小巷”“草坪”等外部空间，而不是建起所谓公共建筑的冷硬“混凝土箱子”，以此重组社区，打造一个同世界遗产城市相宜的充满魅力的街景气象。

（隈研吾）

（翻译：赵碧霄）

透过“SILKOOL广场”看向市政厅。每月举办一次“月一市场”，市民聚集于此，热闹非凡

看向议会楼。该建筑构建了传统的弯曲小巷"KAMAHIGARI"，布局呈雁行式，以突出阴角和阳角的设计。另外，建筑周围设有露台，市民可在此休息停歇。在外观方面，仅在铝制百叶窗正对车站的一侧粘贴木材。面对树木和车站时，由于视角不同，风景亦会有所变化

行政楼入口大厅。建筑采用养蚕农家的换气装置——通风顶，可以在春秋实现自然通风。楼梯的坡度和屋顶的坡度相协调，形成一条开放的动线

行政楼3层办公室

从行政楼1层入口大厅看向办公室方向

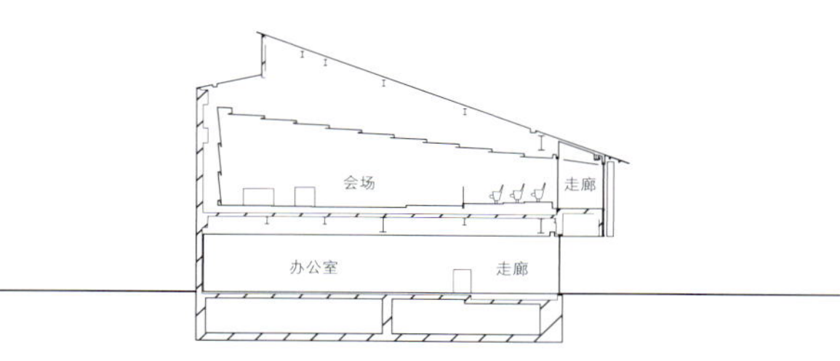

会场
走廊
办公室
走廊

议会楼剖面图

保健室
走廊
楼梯
走廊
防风室
走廊
入口大厅
防风室

行政楼B-B'剖面图

会议室
仓库
卫生间
卫生间
正副议长室
派别室
办公室
露台
会议室
露台
会议室
会议室
机械室
入口大厅
多功能大厅

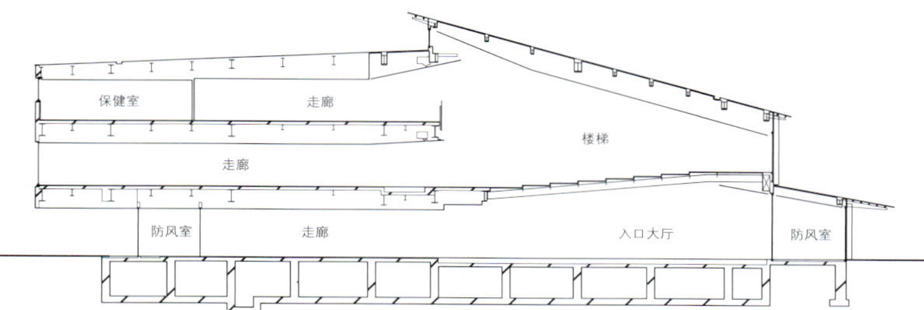

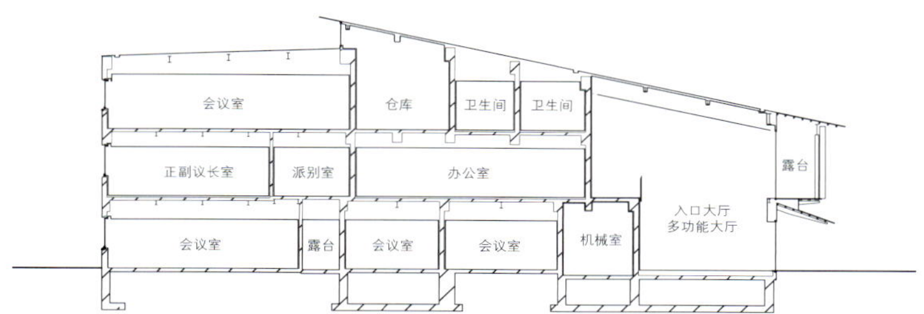

行政楼A-A'剖面图 比例尺1:600

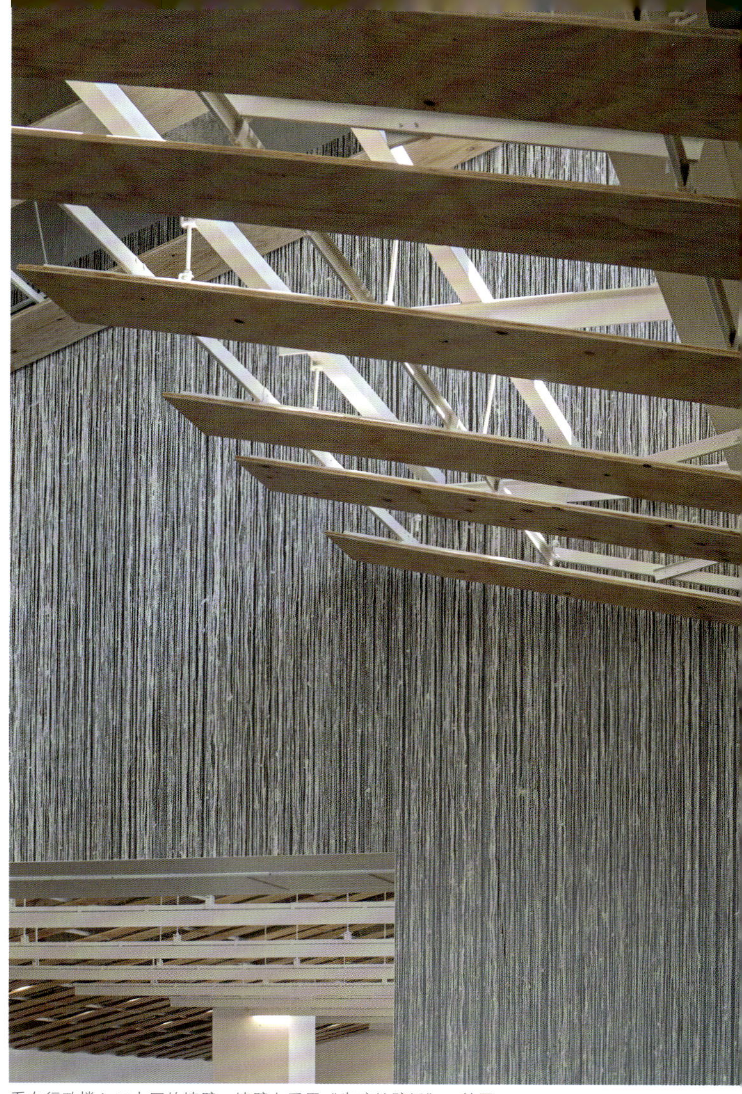

看向行政楼入口大厅的墙壁。墙壁上采用“生碎丝壁纸”，其原材料为蚕茧抽丝时剥落的硬丝

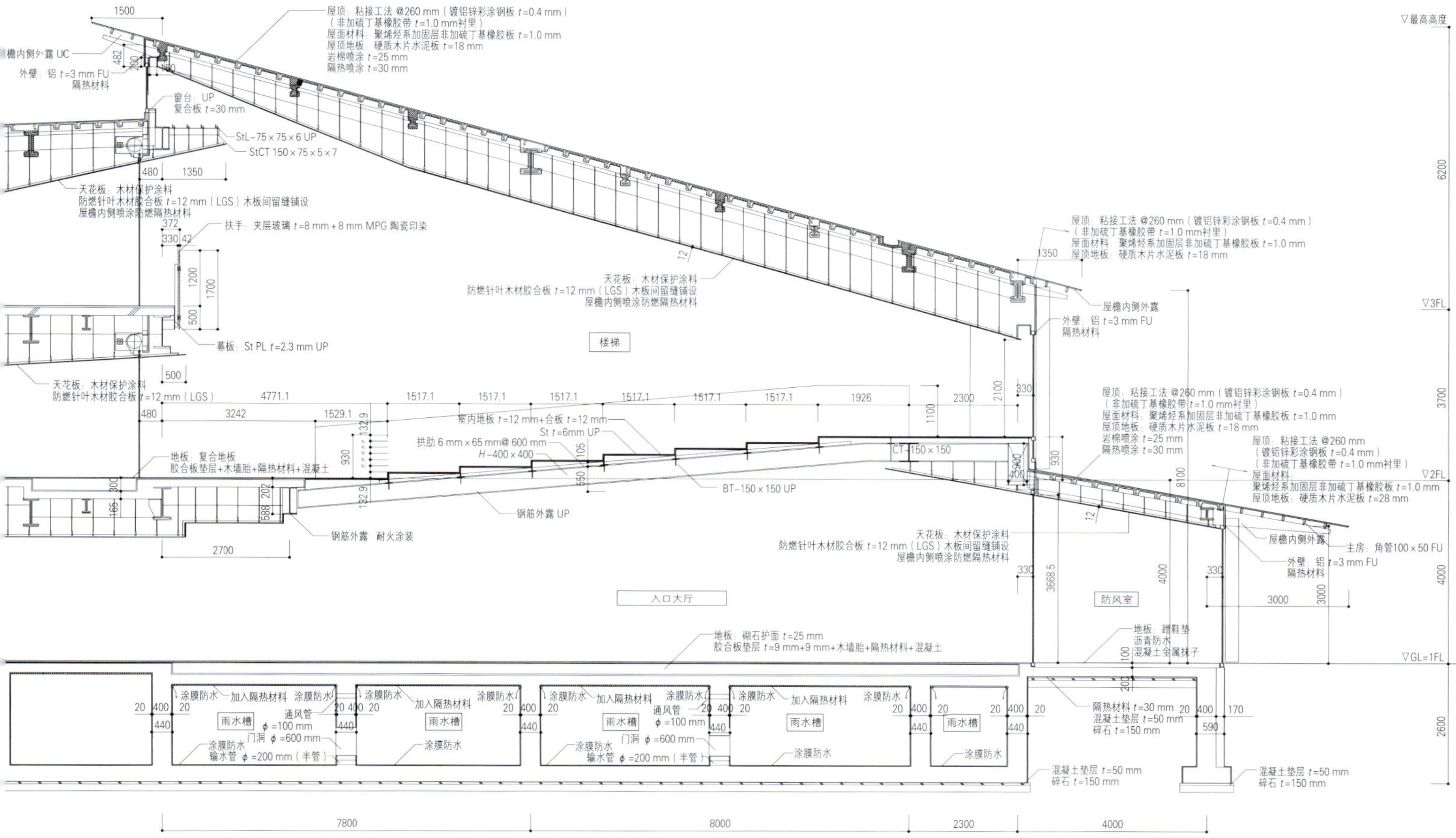

屋顶：粘接工法 @260 mm（镀铝锌彩涂钢板 t=0.4 mm）
（非加硫丁基橡胶带 t=1.0 mm衬里）
屋面材料：聚烯烃系加固层非加硫丁基橡胶板 t=1.0 mm
屋顶地板：硬质木片水泥板 t=18 mm
岩棉喷涂 t=25 mm
隔热喷涂 t=30 mm
檐内侧外露 UC
外壁：铝 t=3 mm FU
隔热材料
窗台：UP
复合板 t=30 mm
StL-75×75×6 UP
StCT 150×75×5×7
天花板：木材保护涂料
防燃针叶木材胶合板 t=12 mm（LGS）木板间留缝铺设
屋檐内侧喷涂防燃隔热材料
扶手：夹层玻璃 t=8 mm+8 mm MPG 陶瓷印染
幕板：St PL t=2.3 mm UP
楼梯
室内地板：t=12 mm+合板 t=12 mm
St t=6mm UP
拱肋 6 mm×65 mm@600 mm
H-400×400
BT-150×150 UP
CT-150×150
地板：复合地板
胶合板垫层+木墙胎+隔热材料+混凝土
钢筋外露 耐火涂装
钢筋外露 UP
屋檐内侧外露
主房：角管100×50 FU
入口大厅
防风室
地板：砌石护面 t=25 mm
胶合板垫层 t=9 mm+9 mm+木墙胎+隔热材料+混凝土
地板：蹭鞋垫
沥青防水
混凝土 金属抹子
涂膜防水
加入隔热材料
雨水槽
通风管 ϕ=100 mm
门洞 ϕ=600 mm
输水管 ϕ=200 mm（半管）
隔热材料 t=30 mm
混凝土垫层 t=50 mm
碎石 t=150 mm
▽最高高度
▽3FL
▽2FL
▽GL=1FL
7800
8000
2300
4000

行政楼剖面详图 比例尺1:150

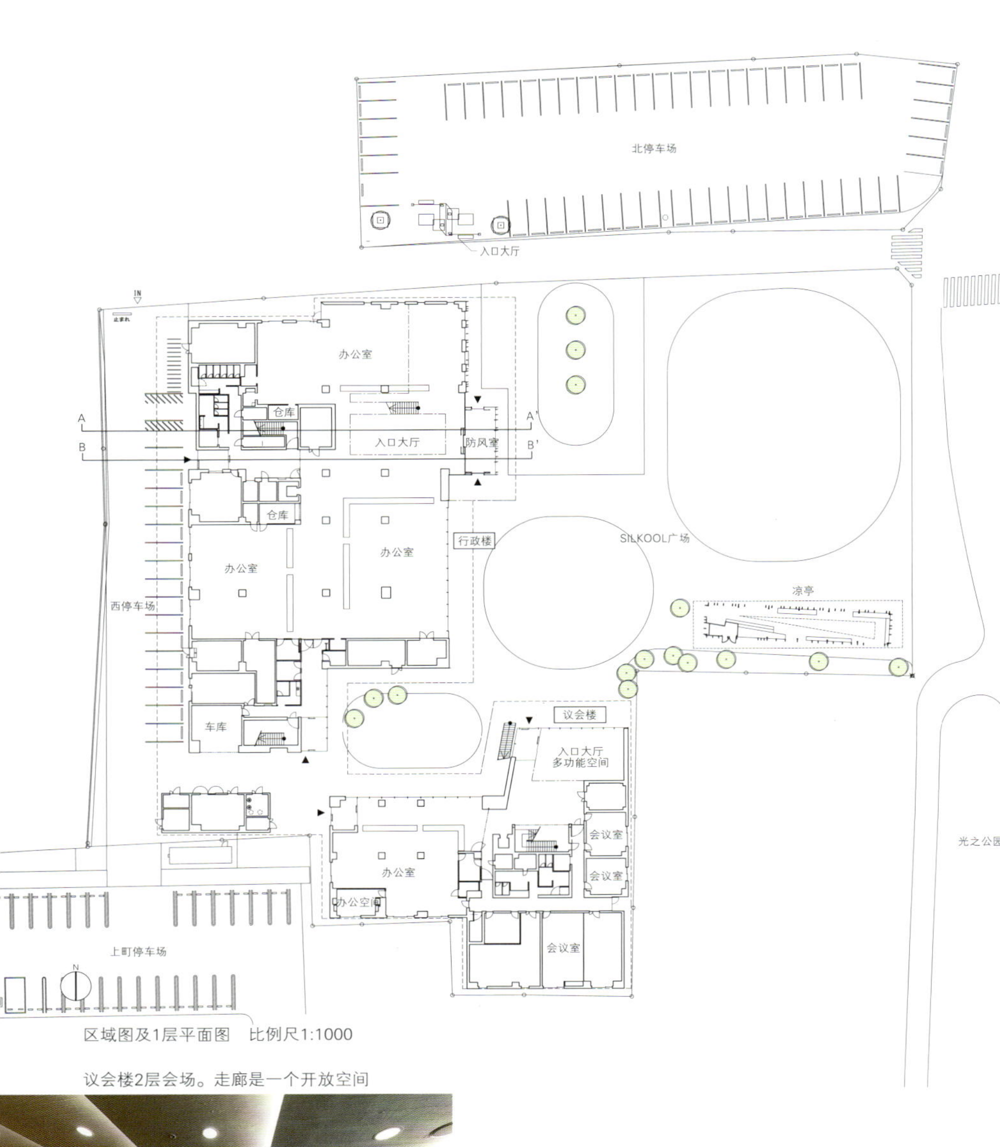

区域图及1层平面图　比例尺1:1000

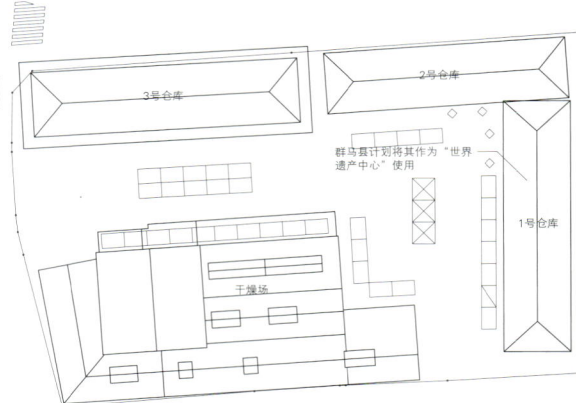

设计：建筑：限研吾建筑都市设计事务所
结构：江尻建筑结构设计事务所
设备：森村设计
施工：TARUYA・岩井・佐藤 福冈市新办公楼建设工程企业联合体
用地面积：8093.92 m^2
建筑面积：3867.56 m^2
使用面积：8681.70 m^2
层数：地上3层
主体结构：钢筋混凝土结构　一部分为钢筋结构
工期：2016年1月—2018年3月
（项目说明详见第174页）

议会楼2层会场。走廊是一个开放空间

上：行政楼2层接待室。壁纸取材于富冈生产的丝绸制成的纺织品/下：行政楼1层办公室

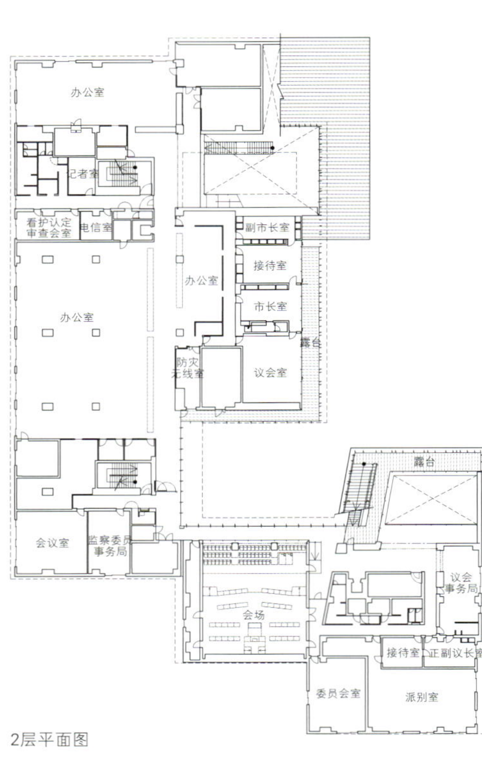

2层平面图

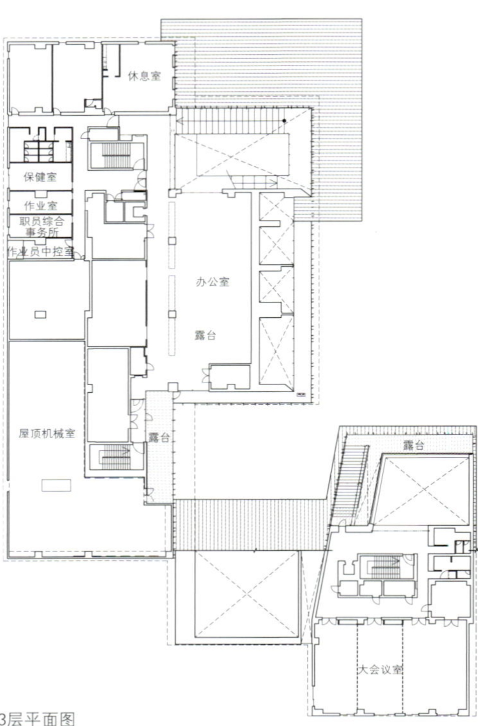

3层平面图

SILKOOL广场看向雁行式布局的部分外观。议会楼和行政楼外围设有走廊，人员可以自由出入，是一个开放的空间

“建城”“树人”的起点——崭新官署

2007年，富冈缫丝厂入选世界遗产暂定名单。对此，富冈市启动了多项举措。包括缫丝厂的调查修复，根据缓冲区保护政策暂停地区区划整理事业（其后废止）、景观形成、上州富冈站周边地区以及富冈新官署办公大楼的建设，这些建设区域尽收于半径250m的范围之内，其紧凑布局也是富冈市的一大特色。2011年，以上州富冈站竞赛的策划为契机，对从车站到市政厅，以及市内这一范围的小巷重新进行整体规划。这并非单纯的整理素材和设计，而是将历经时代更迭的缫丝厂以一种崭新的面貌呈现出来，彰显其独特魅力，为城市增添一抹新色。此外，通过城市新旧建筑的紧密结合，塑造“川流不息”的街道景象，可以使观光游客充分享受整个城市的魅力，而并非仅仅局限在缫丝厂一处。2012年，为了在车站及其相关区域打造城市新亮点，富冈市政府也开始着手竞赛的相关事宜（提案）。从2011年开始，隶属富冈市政府的市民检讨委员会开始具体落实新官署办公大楼的建设计划。此后，2012 年 9 月，富冈市提出了“同市民共发展的官署”这一建议。自此，富冈市认真思考城市列入世界遗产名录后的发展蓝图，历时3年召开“建城、树人事业”市民研讨会，不断推进以市民为主体的城市建设。当富冈成功入选后，观光客们蜂拥而至，又如退潮般离去。缫丝厂也不例外，自从2014年的世界遗产登录后的第4年，旅游人数已经减半。宣传竞赛时提出以“川流不息”的街景魅力来吸引游客，但是这种计划为时过早，而且对于世界遗产登录的应对尚且不及。若想要达到设想中的街景效果，除了“物”的存在，热情好客的市民更是不可或缺。“建城”“树人”并非一朝一夕能够完成的事业，而是需要足够长时间的积累，才能厚积薄发。“混凝土箱子”的建设已经告一段落，今后将是检验市民和行政能力的时刻。早在新官署办公大楼开放之前，政府前的广场上就已经聚集了许多民众组织活动，熙熙攘攘，十分热闹。群马县还计划在对面的富冈仓库建立世界遗产中心。希望能够以新官署办公大楼为起点，运用迄今为止所掌握的经验，建设更加美好的城市。

（新井久敏 / 原群马县职员）

“月一市场”开放时的场景。上：透过凉亭望向SILKOOL广场/左下：议会楼2层视角看向SILKOOL广场/中下：3号仓库视角看向富冈市政厅/右下：1号仓库前活动的场景

msb田町 田町Station Tower S

设计　三菱地所设计　日建设计

外部装潢设计　Kohn Pedersen Fox Associates（KPF）

施工　大成建设

所在地　东京都港区

MSB TAMACHI – TAMACHI STATION TOWER S
architects: MITSUBISHI JISHO SEKKEI • NIKKEN SEKKEI

田町站西侧俯瞰图。车站建在东京燃气株式会社所有的田町站东口街区，msb田町事务所大厦与车站连通，大厦是由事务所、商业设施、酒店构成的，为多功能再开发项目。三菱不动产和三菱地所两家房地产投资开发商首次在城市建设方面共同开展业务。在此次开业的“msb田町 田町Station Tower S”、酒店“东京田町铂尔曼”的附近，正在进行“msb田町 田町Station Tower N”的施工建设（照片中央左面，预计2020年开业）。东北侧的“田町超环保公园”（照片左侧）是港区和东京燃气作为城市新生机构进行土地交换的项目，于2015年开业

设计：建筑・结构：三菱地所设计
　　设备：日建设计
施工：大成建设
用地面积：11 663.63 m^2
建筑面积：8704.92 m^2
使用面积：150 056.36 m^2
层数：地下2层　地上31层　阁楼1层
结构：地上：钢架结构（柱子一部分为CFT结构）
　　地下：钢筋混凝土结构（一部分为钢架混凝土结构）
工期：2015年10月–2018年5月
摄影：日本新建筑社摄影部（特别标注除外）
（项目说明详见第174页）

上：用地东南侧交叉路口视角。左手边是田町站，中央地带根据“田町站前东口地区第一种市区再开发事业”建成了商业设施“NAGISA露台”/下：用地西侧视角。上空的人行天桥连接着田町站芝浦口和msb田町的街区

从人行天桥向西南侧看去。以2020年田町Station Tower N开业为契机，将msb田町街区（Ⅱ街区）、公共街区“田町超环保公园”（Ⅰ街区）与人行天桥相连

从由“港湾公园芝浦”和“爱育医院”构成的“田町超环保公园”看到的东北侧外观。在田町超环保公园和msb田町两个街区建设了智能能源中心，构建了能源网络

与车站连通的多功能商务据点

该项目活用田町站周边用地，形成具有商业·生活辅助·防灾等多功能，且与车站连通的商务据点。为了扩充与车站连通的人行网络，重新调整了人行天桥，通过地上通路和天桥把田町站和该地区连接起来，而且还计划让天桥连接到公共街区（“港湾公园芝浦”和“爱育医院”）。确保了室内外空间的连接，为地区居民和来逛街的人创造进行交流的机会。为了使人们在这样的公共空间中欣赏到郁郁葱葱的绿色，拥有好心情，感受到芝浦水边地区独一无二的开放感，设计师下了很多功夫给街道进行润色。

人们只有在这样的街区才能拥有水边的开放感和享受绿荫的好心情，以此为宗旨设计，从四面开拓的高层事务所空间可以把没有遮蔽的水边景观、汐留·六本木方向的城市景观尽收眼底。此外，作为国内外的出入口，为了和具有附加价值的事务所更加相称，把该街区设计成东京门户的感觉，相邻的酒店等也是如此，由此提高了街道的整体感。为了使Tower发挥多功能商务据点的特性，并使设施的顺利移动成为可能，进行了城市分区规划。标准层的专有面积约为1000平，是配备最新设备的大空间，这让事务所可以灵活布局。此外，低楼层以餐饮为中心，设置在商业地带，与外部的绿荫无缝衔接，设计出能够在绿荫中享受美食的空间。这样由餐饮区域和超市、物品交易区域构成的商业街与邻近的“NAGISA露台”商业设施相呼应，有助于提高街区整体的环游性。

此外，作为先进的业务持续性支持（BCP），为了在发生灾害的72小时内不仅能够策划电力供给和扩充防灾储备品，还可以发挥车站连通设施防灾据点的作用，打算把空地活用为临时滞留设施给暂时无法回家的人们使用。

（山田晋+长泽辉明+松屋龙喜/三菱地所设计）

（翻译：迟旭）

田町站芝浦口视角。根据再开发等促进区的城市规划，容积率为400%到940%

左上：msb田町 Station Tower S和NAGISA露台之间的2层人行天桥。用地边界为玻璃扶手部分/左下：NAGISA露台和Tower1层店铺相对的人行通道/右：从东南侧道路向Tower S和芝浦幼儿园之间的通道看去。与芝浦幼儿园的边界没有设置栅栏等，因此，街区不会中断

图片提供：川澄・小林研二摄影事务所

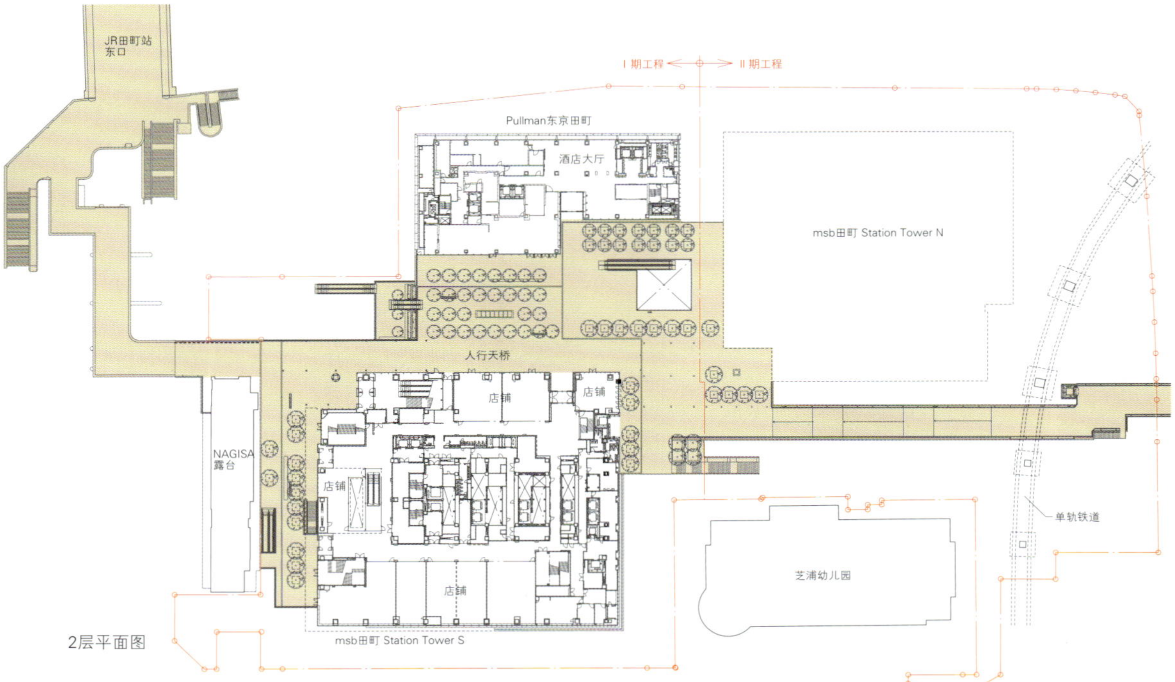

左：事务所入口大厅。天花板高为7.5 m，设计基础为木质百叶帘。设计监修为KPF/右：从1层店铺通道看到的西南侧入口。紧急情况时该空间还会用来接待暂时无法回家的人

JR田町站东口
Ⅰ期工程
Ⅱ期工程
Pullman东京田町
酒店大厅
msb田町 Station Tower N
人行天桥
店铺
店铺
NAGISA露台
店铺
店铺
单轨铁道
芝浦幼儿园
msb田町 Station Tower S

2层平面图

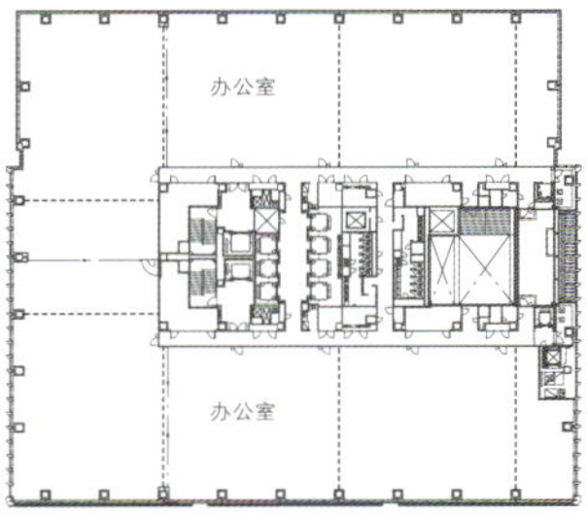

办公室
办公室

事务所标准层平面图

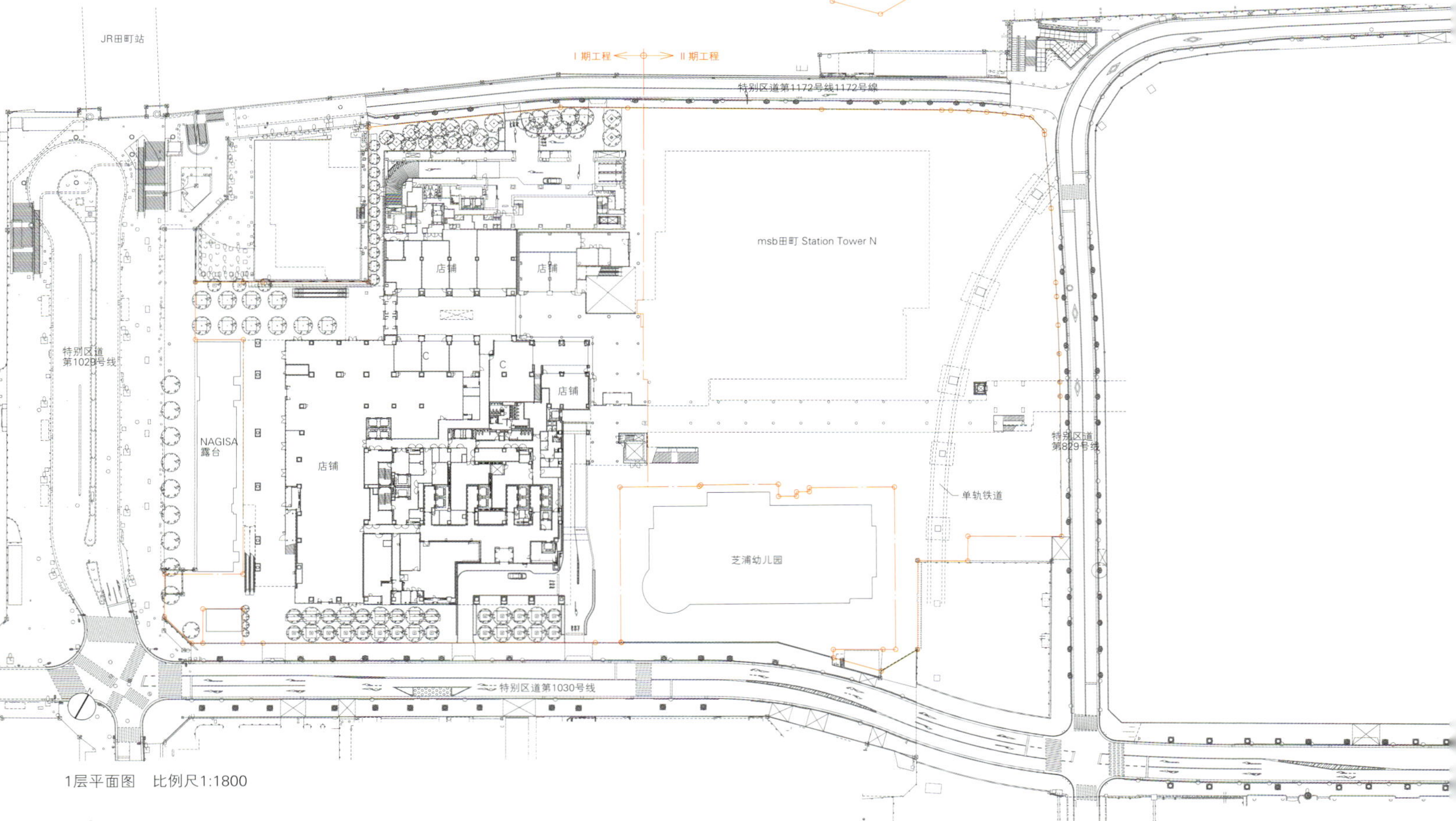

JR田町站
Ⅰ期工程
Ⅱ期工程
特别区道第1172号线1172号线
msb田町 Station Tower N
店铺
店铺
特别区道第1029号线
店铺
NAGISA露台
店铺
特别区道第829号线
单轨铁道
芝浦幼儿园
特别区道第1030号线

1层平面图　比例尺1:1800

标准层办公室。天花板高为2800 mm。南侧可以观赏到东京湾的风景

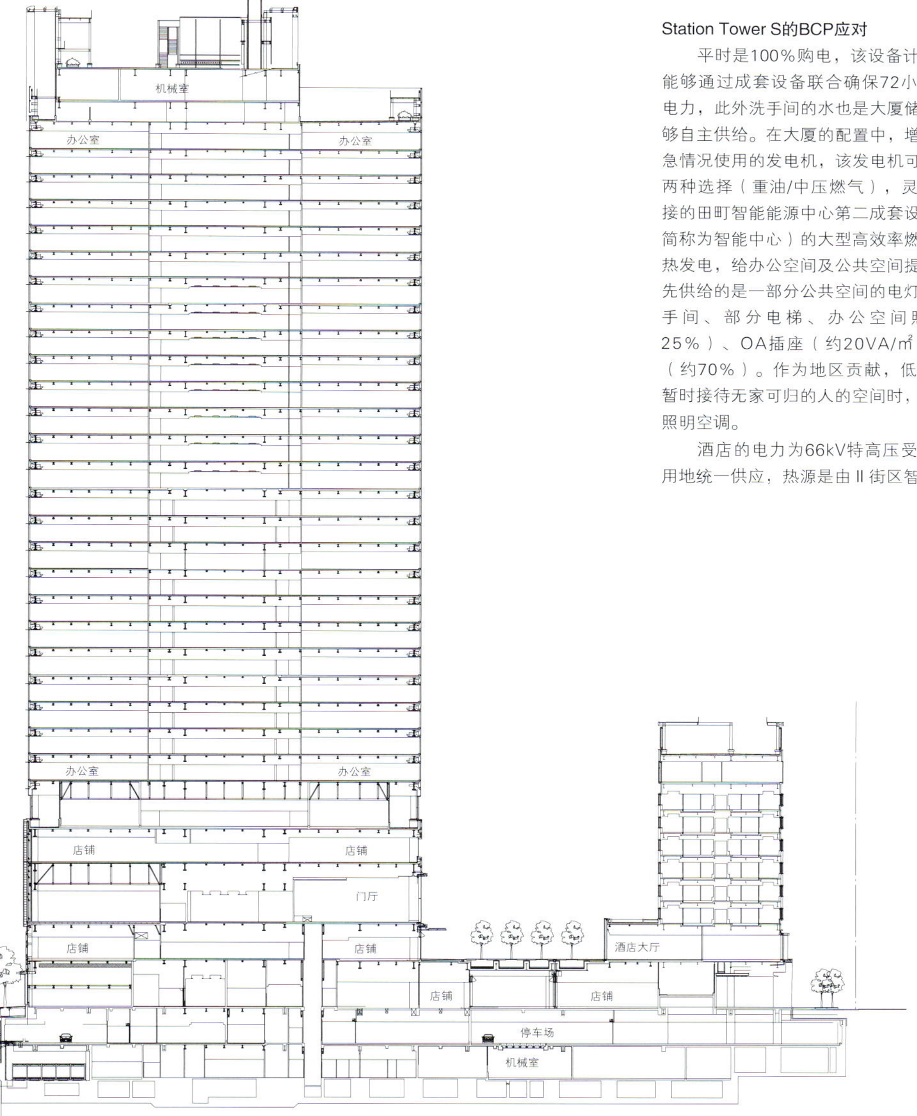

剖面图　比例尺1:1200

Station Tower S的BCP应对

平时是100%购电，该设备计划停电时能够通过成套设备联合确保72小时以上的电力，此外洗手间的水也是大厦储备的，能够自主供给。在大厦的配置中，增加了供紧急情况使用的发电机，该发电机可用燃料有两种选择（重油/中压燃气），灵活运用邻接的田町智能能源中心第二成套设备（以下，简称为智能中心）的大型高效率燃气同时供热发电，给办公空间及公共空间提供电力。先供给的是一部分公共空间的电灯照明、洗手间、部分电梯、办公空间照明（约25%）、OA插座（约20VA/㎡）、空调（约70%）。作为地区贡献，低楼层作为暂时接待无家可归的人的空间时，可以使用照明空调。

酒店的电力为66kV特高压受变电，由用地统一供应，热源是由Ⅱ街区智能中心供给的，空调的冷热水经过大厦，直接吸收供给热水用的蒸汽，构成了大规模再开发的一体式设备。

（岸克巳+高过量+水谷周/日建设计）

作为灾害时的应对措施，设置了两种燃料（重油/中压燃气）供紧急情况使用的发电机

建筑正面近景。低楼层以出入口为概念进行了门形框架设计，高楼层为了改善事务所由于烈日炎炎照射产生的热环境，设置水平的百叶窗

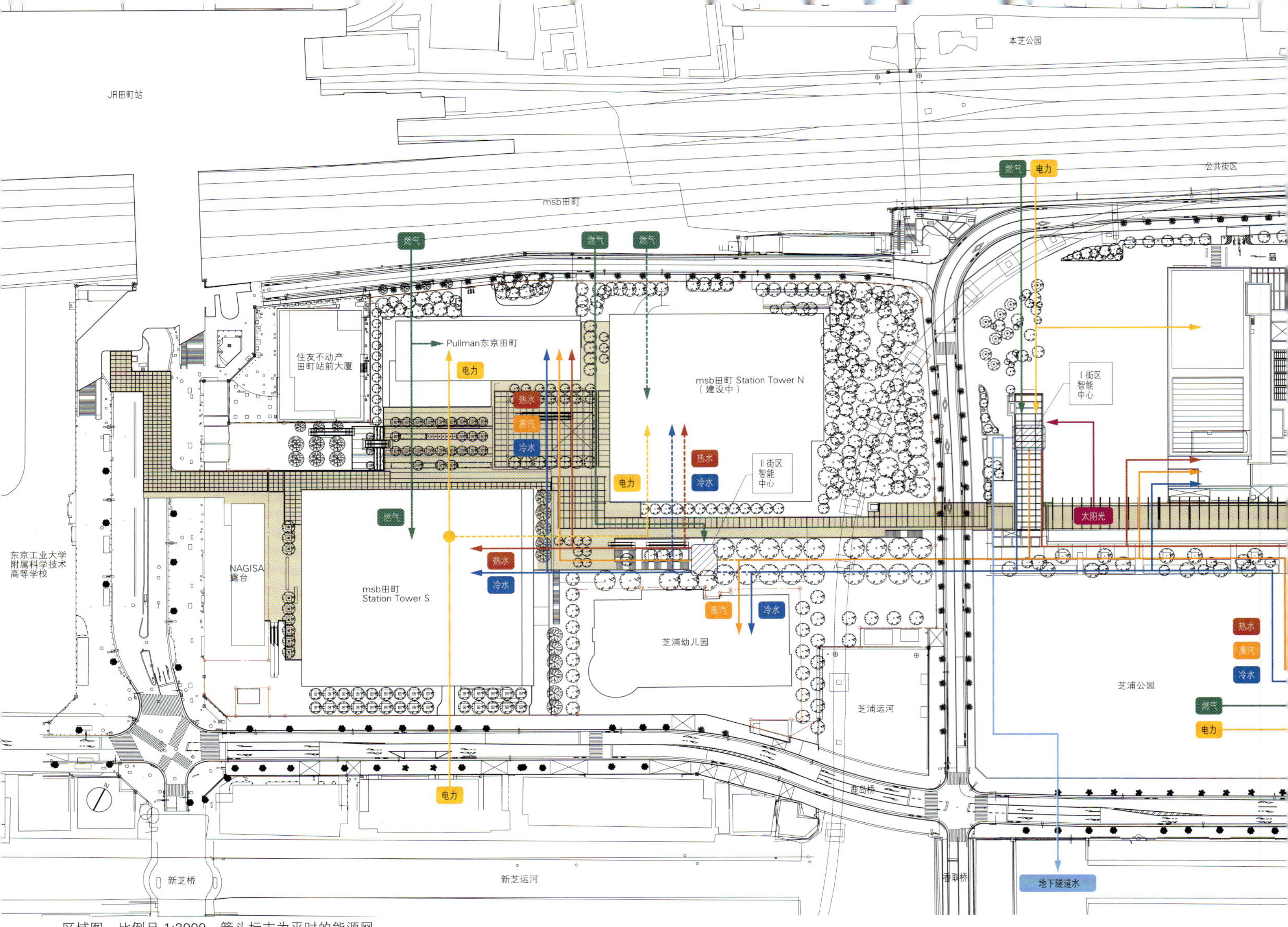

区域图　比例尺 1:2000　箭头标志为平时的能源网

WORKPLACE

房地产开发商是如何考虑的?

与周边街区紧连的多功能再开发项目

杉本健祥（三井不动产大厦事业二部） 细野德重（三菱地所城市开发二部）

Q1.请您给我们介绍一下项目的背景。

三井不动产与三菱地所夹着东京站位于日本桥一侧，三菱地所位于丸之内一侧，三井不动产和三菱地所一直以来致力于探讨研究大规模城市再开发项目，这次是两家公司共同实行的项目。虽然过去两家公司有在住宅项目方面共同谋事的经验，但是在业务方面还没有什么实际成绩，不过，两家公司在有关城市管理合作等城市建设方面的见解非常一致。本次，东京燃气株式会社也参与到该项目中，共同致力于城市建设。

项目始于2008年，大约10年前便开始了。城市再生机构是实行者，东京燃气和港区交换了各自所有的土地，边策划港区设施功能更新边进行开发，开始了连锁型再开发。当初包括东京燃气在内的3家公司已经开展了“TGMM芝浦项目”，在同一时期，包括站前店铺等各位地权人也独自策划了车站周边的再开发，即“田町站前东口地区第一种市区再开发事业”，实施期间开始合为一体进行了大规模多功能复合再开发。

Q2.请问您是如何看待地区价值的呢?

田町站（1909年运营）的芝浦口是在1913年竣工的，随着芝浦工业地带的发展，车站周边逐渐形成了商业街，但是渐渐也出现了老化等问题。另外田町站西侧的三田口在事务所聚集的一面，因此芝浦口的认知度并不是很高。

但是随着现在正在进行的JR山手线新站（品川站–田町站之间）的运营，城市内的品川–新桥地区都繁荣了起来，田町站作为交通枢纽，展现了它的便利性。活用这个潜在的便利性，犹如把国内外所有地区都和田町“连接”一样，以此寓意给街区命名为“msb田町”，并开展了该项目。

Q3.请您告诉我们一下Work Place的特征。

它不仅具有事务所的功能，还与相邻街区等的周边设施结合在一起，把医院、幼儿园、学校、餐饮店等日常生活必要的设施聚集起来，是多功能城市建设。而且，为了提高街区整体的便利性，连接三田口和芝浦口的人行天桥（1970年开通）也活用为街区的基础设施，2020年“田町Station Tower N”竣工时，预计会延伸到邻接的公共街区“港湾公园芝浦”。在邻接公共区域内的“爱育医院”“港区立芝浦幼儿园”，去往这些地方的活动线也都实行无障碍化，而且往返主要设施的接送班车有相应的乘车点，对田町站东口的广场进行了整修。

在街区中的Tower S的1层有家大型超市，顾客在下班后可以购完物再回家。4层作为事务所的支援设施，开设了能够开展会议和悠闲读书的BOOK&CAF和超市，这些店铺一起为上班族的工作和闲暇生活提供了多种多样的选择。另外，在街区内同时完工的Accor Hotel集团，包含“东京田町铂尔曼酒店”在内，将为从国内外到访街道的诸位提

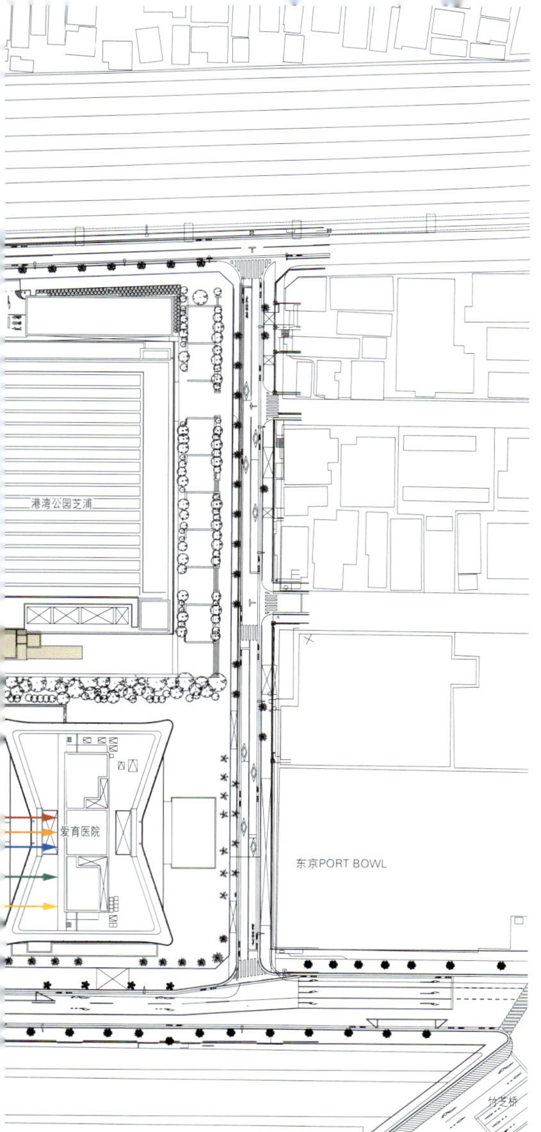

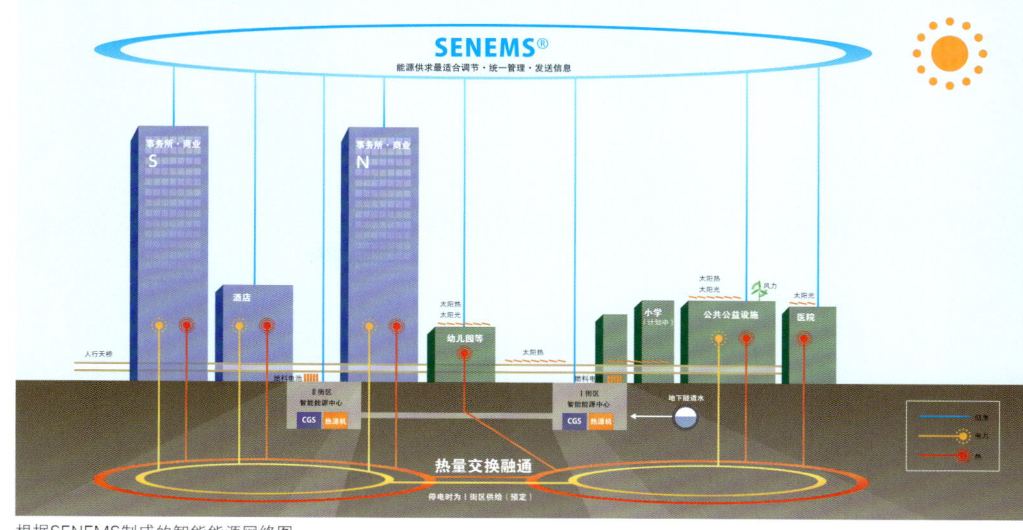

根据SENEMS制成的智能能源网络图

关于智能能源网络

田町站东口北地区以港区筹划制定的“田町站东口北地区城市建设愿景”为基础，官民合作，全力推进低碳抗灾害的城市建设。从2007年开始东京燃气集团就把本地区的需求方和供给方联系在一起，打造出及热・电力・信息于一体的智能能源网络。

本次导入的智能能源网络（Ⅰ街区+Ⅱ街区）构建了热・电力・信息的网络，还尽可能地导入了热和电力能够同时供给的高效率发热发电系统（CGS）、利用太阳能等可再生能源和未能利用的地下隧道水等。整个城市都以节省能源为目标，同时，在商用电力停电时，会利用网络内的CGS等独立电源和热源机，所以该系统在发生灾害时也能够稳定供给电力和热。

另外，在本地区，作为信息网络，建筑和智能能源中心联合，实现能源供求统一管理・调节SENEMS（Smart Energy Network Energy Management System）在日本首次开发、导入。毋庸置疑SENEMS成为了智能能源中心的热源机器，不仅如此，它还可以调节输送动力和空调机等设备，让这些设备只在必要的时候使用，以此来节约能源。而且，由于与msb田町（Ⅰ街区）、以港湾公园芝浦为中心的“生活据点区域”（Ⅱ街区）的2地区都通过了SENEMS和热融通导管联合，并进行统一管理，所以和平时、紧急时无关，能够更进一步实现节约能源和充足的能源保障。

（坂齐雅史/东京燃气engineering solutions）

2020年田町Station Tower N竣工时的样图

供各种各样的便利服务。

此外，本次还有一点很重要，就是东京燃气也参与到项目中。由此构建了街区整体的能源网络。在公共街区设置了第1智能能源中心，在msb田町街区设置了第2智能能源中心，这两个中心相互合作进行热源互通。在停电时，智能能源中心与大厦配置的紧急情况使用的电源相连，能够提供72小时以上的电力和空调的供给。另外，为了发生灾害而无法回家的人，还设立了室内滞留空间。

2层人行天桥。天花板高为4600 mm，在田町Station Tower S的东南侧（照片里面），正在进行田町Station Tower N的建设。田町Station Tower S和Pullman东京田町之间的地下部分设置了第2智能能源中心，能够给两个建筑物提供能源

G–BASE田町

设计施工　清水建设

设计监理　佐藤尚巳建筑研究所

Interior・Landscape　FIELD FOUR DESIGN OFFICE

所在地　东京都港区

G–BASE TAMACHI

architects: SHIMIZU CORPORATION

东侧外观。办公大楼建在横跨两条主干道的一块不规则用地上。它由两栋建筑组成，分别是西侧正对三田街的地上18层高层建筑，以及东侧正对第一京滨的地上3层低层建筑。建筑外围栽种了许多树木，一直延伸到东侧入口，用于缓和四周密集的建筑给人带来的压迫感，同时，设置长椅和吊床，可以用作工作人员的休憩场所

东侧外观。通过采用距前方街道约50 m的阶梯式后退设计，在建筑周围营造一幅绿意盎然的景象

大树和森林

以初创企业为主要受众对象的租赁式办公楼。通过地理特性及规模，追求不同于其他办公楼的独特魅力。四面采光的单间办公室仅设骨架，以画布装饰，为各租户提供可发挥想象、自由描绘的理想工作空间。从工作方式多样性和健康的角度出发，把有利于工作人员身心健康的细节融入设计。1层设有室内自行车存放处和淋浴室，以适应多样的通勤和生活方式，可在屋顶花园一边眺望东京景色，一边开烤肉派对，“以食为契，焕活生机”。外部设计以“大树”形象来彰显企业的蓬勃发展。在加肋PC板上随机转印木纹图样，呈现出如同树皮纹理一般的外观，可随时间迁移、阳光照射而产生视觉上的变化。前庭由层层相叠的景观设计构成，被视作大树脚下绵延开来的大地。这里作为工作人员的“第三空间”，以多种多样的植物装点四季，为这块地区创造出一块宝贵的绿荫空间。公共部分的室内设计，以“爬树、童心、亲身体验”为关键词，尝试完全不同于金属、混凝土的多样化设计，如大量使用保留树皮的扁柏和采用特殊工艺加工的木架等。这一项目经过多次运行和验证，由房地产开发商、设计师和建筑商齐心协力，共同参与，最终得以落实。

（竹内雅彦 + 小山裕之 / 清水建设）

（翻译：赵碧霄）

西侧三田街视角。外部装饰使用印有大树树皮的加肋PC板，纹理呈木纹状

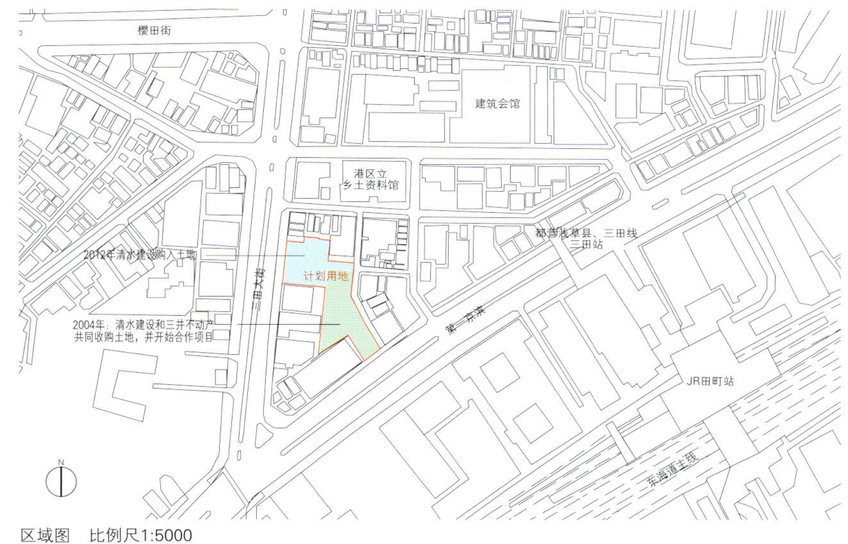

区域图　比例尺1:5000

南侧看向三田街

办公室标准楼层。27 m×27 m，无地板和天花板装饰的四面采光办公室。为了使各租户能够设计出各具风格的办公环境，办公室以仅有框架的形式出租

框架办公室的应用实例，实际施工后的样板办公室。在同一房间内，灵活利用中间的柱子可以设计出多样的办公空间，如吧台空间、柜台式联合办公空间等

房地产开发商是如何考虑的？

应对社会变化，创造新型办公室

Q1：佐怒贺一浩　（清水建设 投资开发总部）
Q2：武田佳祐　（三井不动产 大厦总部）

Q1. 请您简单讲一讲本次项目的背景，以及开始合作的来龙去脉。

项目经过是这样的。最初清水建设购得了公司所有商业用地相毗连的土地，而后开始着手打造一个“魅力办公”计划，最后同三井不动产共同收购了相邻的土地。

清水建设所有的地皮正对三田街，可将东京塔的景色尽收眼底。另一方面，共同收购的地皮位于第一京滨对面，通向 JR 田町站和都营三田站。

将面对不同街道的两块地皮整合开发时，发现用地形状非常复杂。为了确保土地修整后能够打造高效率的办公环境，同时集中利用两块地皮的空间，计划建造高层建筑，提高可见度。

本项目充分利用布局特征，三井不动产和清水建设共同开发，推进办公室建设。

Q2. 开展这项事业是为了应对何种需求？

基于办公楼、大学、商业街和住宅区的多样特征，再加上周边环境多为年轻阶层，我们决定不拘泥于以往的旧式办公楼概念，以应对技术型企业及多种工作方式的需求。同时，激发创造性，满足以促进个人与团体的进一步发展为目标的企业的需求，打造新型创意办公环境，推进计划发展。

商品企划期间，三井不动产和事业伙伴清水建设共享“新型办公”概念，同设计师和建筑商同心协力，落实项目。出租办公室采用开放式框架天花板，大大提高进驻企业内部装饰的自由度和设计性，使打造立体式空间成为可能。

此外，采用混凝土和不锈钢板构建入口大厅，以平面造型设计装饰各处的标志和墙壁，从而打造新型办公空间。充分利用用地形状和周围的葱葱绿意，计划设计咖啡馆以及能将东京塔景色尽收眼底的屋顶花园等社交场所，促进公共区域的“第三空间化”。另外，为工作人员提供了设有淋浴室的室内自行车存放处、模仿用地形状的乒乓球桌等公用设施。

为了能够落实商品企划和新型空间设计的理念，实现多样化工作方式，我们建造了一个样板办公室，在出租办公室1层完成全部室内装修设计和日常器具摆放，以便能够讨论新型办公室的具体建造事宜。建筑名称“G-BASE”，所包含的意义如下：“G”字意有两重，一为“Green”（绿意环绕的舒心环境），二为“Growing”（支援者・企业以多样工作方式谋成长）；“BASE”代表这里如同一个秘密基地，企业可以以此为起点，从这里展翅飞翔，环游世界，不断成长。

如今，当初设想的目标企业中有很多都已经在此签约或是进驻，包括支持多种工作方式的企业，以及期待公司和职员能够进一步发展的企业。“G-BASE 田町”将成为工作人员的秘密基地，我期待，将来会有更多的企业从这里丰满羽翼，飞向世界，一展宏图。

图片提供：EUGLENA

进驻2、3层的生物技术公司EUGLENA的办公室
上：3层的陈列室/下：2层的联合办公空间

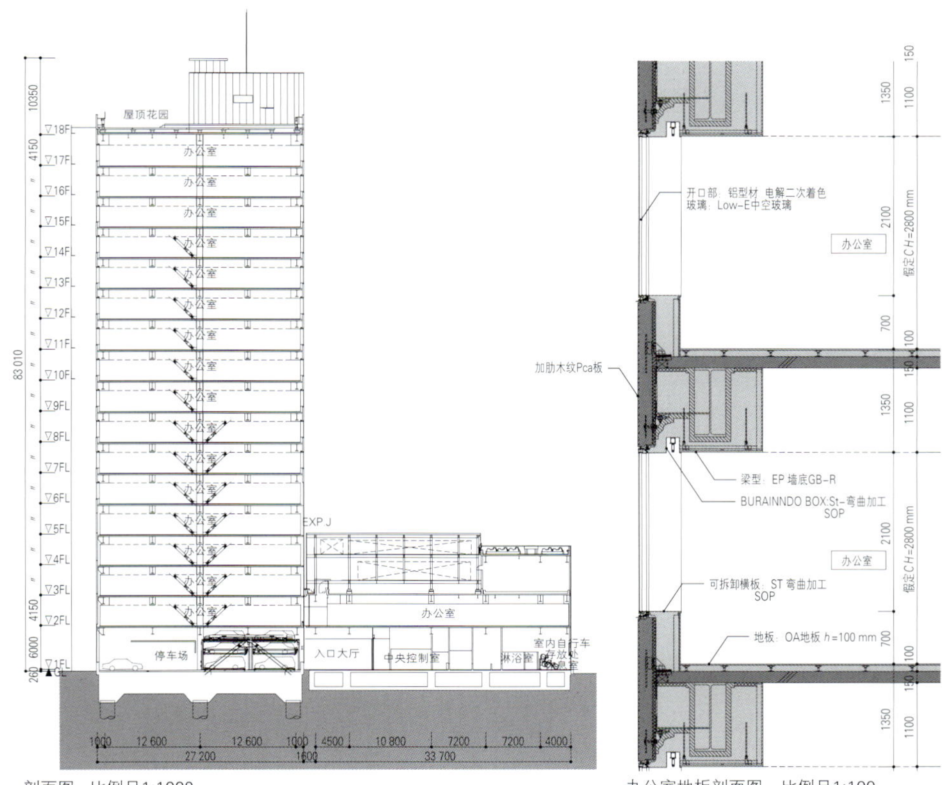

剖面图　比例尺1:1000

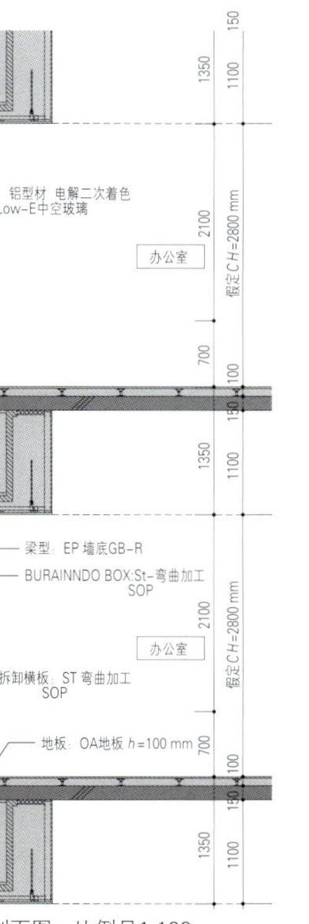

办公室地板剖面图　比例尺1:100

西侧主立面详图。通过肋的宽度和厚度的不同变化，来展现如同树皮一般的自然阴影

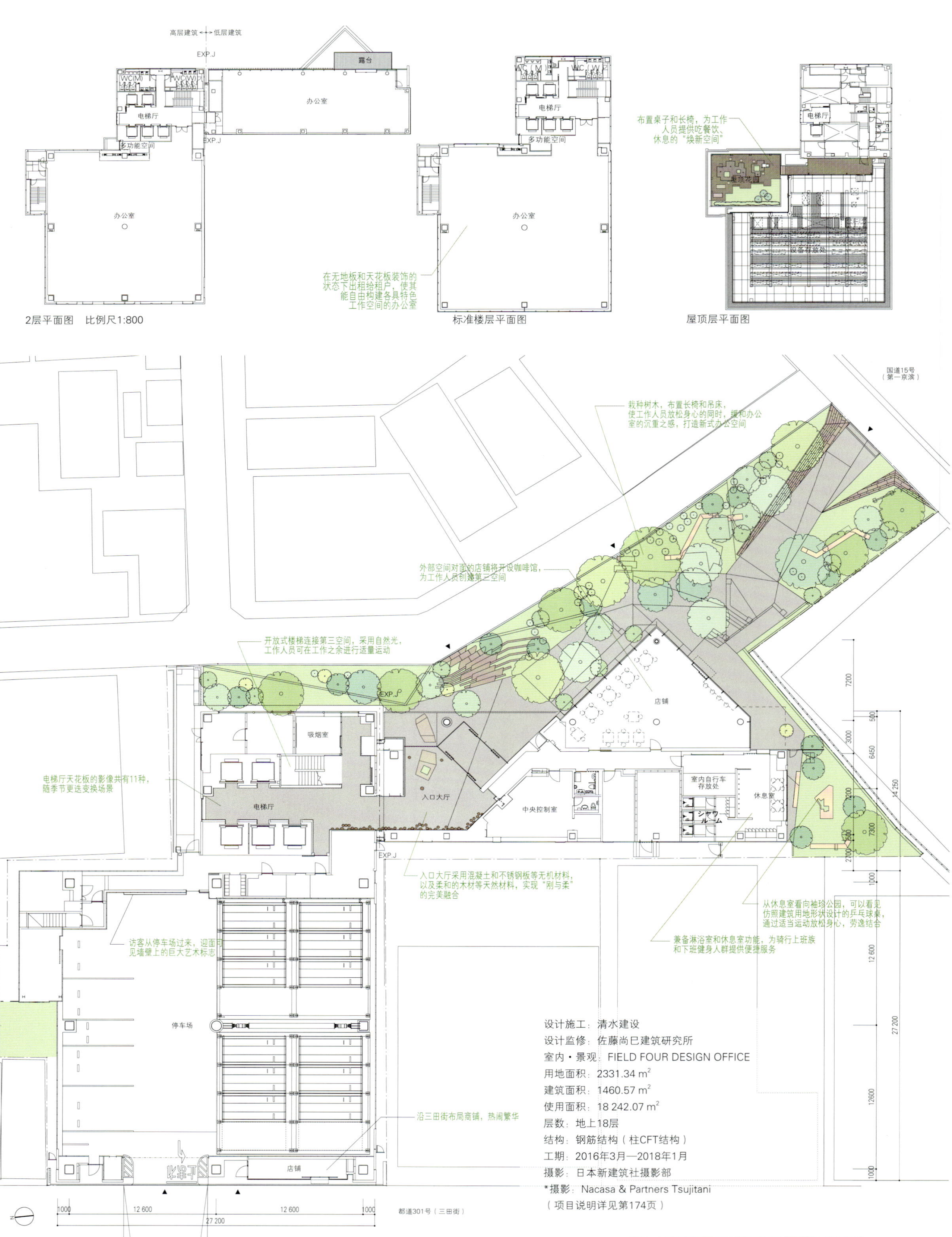

高层建筑 ↔ 低层建筑
EXP.J
露台
办公室
WC(M)
WC(W)
电梯厅
多功能空间
在无地板和天花板装饰的状态下出租给租户，使其能自由构建各具特色工作空间的办公室
布置桌子和长椅，为工作人员提供吃餐饮、休息的“焕新空间”
屋顶花园
设备存放处
国道15号（第一京滨）
栽种树木，布置长椅和吊床，使工作人员放松身心的同时，缓和办公室的沉重之感，打造新式办公空间
外部空间对面的店铺将开设咖啡馆，为工作人员创造第三空间
开放式楼梯连接第三空间，采用自然光，工作人员可在工作之余进行适量运动
电梯厅天花板的影像共有11种，随季节更迭变换场景
吸烟室
店铺
入口大厅
中央控制室
室内自行车存放处
休息室
入口大厅采用混凝土和不锈钢板等无机材料，以及柔和的木材等天然材料，实现“刚与柔”的完美融合
从休息室看向袖珍公园，可以看见仿照建筑用地形状设计的乒乓球桌，通过适当运动放松身心，劳逸结合
兼备淋浴室和休息室功能，为骑行上班族和下班健身人群提供便捷服务
访客从停车场过来，迎面可见墙壁上的巨大艺术标志
停车场
沿三田街布局商铺，热闹繁华
都道301号（三田街）

2层平面图　比例尺1:800

标准楼层平面图

屋顶层平面图

1层平面图　比例尺1:400

设计施工：清水建设
设计监修：佐藤尚巳建筑研究所
室内・景观：FIELD FOUR DESIGN OFFICE
用地面积：2331.34 m²
建筑面积：1460.57 m²
使用面积：18 242.07 m²
层数：地上18层
结构：钢筋结构（柱CFT结构）
工期：2016年3月—2018年1月
摄影：日本新建筑社摄影部
*摄影：Nacasa & Partners Tsujitani
（项目说明详见第174页）

楼梯间。每一层开口部的墙壁上部贴有不同的图案，阳光从开口部射入，促进员工利用楼梯上下楼

屋顶花园，可将东京塔一览无余

1层自行车存放处。里面设有淋浴室，以应对骑行上班族的需求

1层入口大厅。天花板和墙壁使用镜面壁板，映入室外绿植。内部装饰使用原木，旨在打造能够感受到自然的内部空间

1层电梯厅。随季节更迭，天花板上的LED照明会投映出不同的图案

自行车存放处的休息室看向袖珍公园。设有模拟用地形状的乒乓球桌

东侧道路看向通道。正面是计划开设咖啡馆的租户空间

COLONY箱根

设计　冈部宪明Architecture Network+三井Designtec(室内设计)

施工　臼幸产业

所在地　神奈川县足柄下郡

COLONY HAKONE

architects: NORIAKI OKABE ARCHITECTURE NETWORK + MITSUI DESIGNTEC

西南侧俯瞰图。该项目计划建造旅居型交流空间，用作企业的研修、团队的合宿用地。在东侧台之岳平缓而宽广的原野上建设圆环状建筑，打造大小各异的集会空间及30间客房，并配备温泉设施

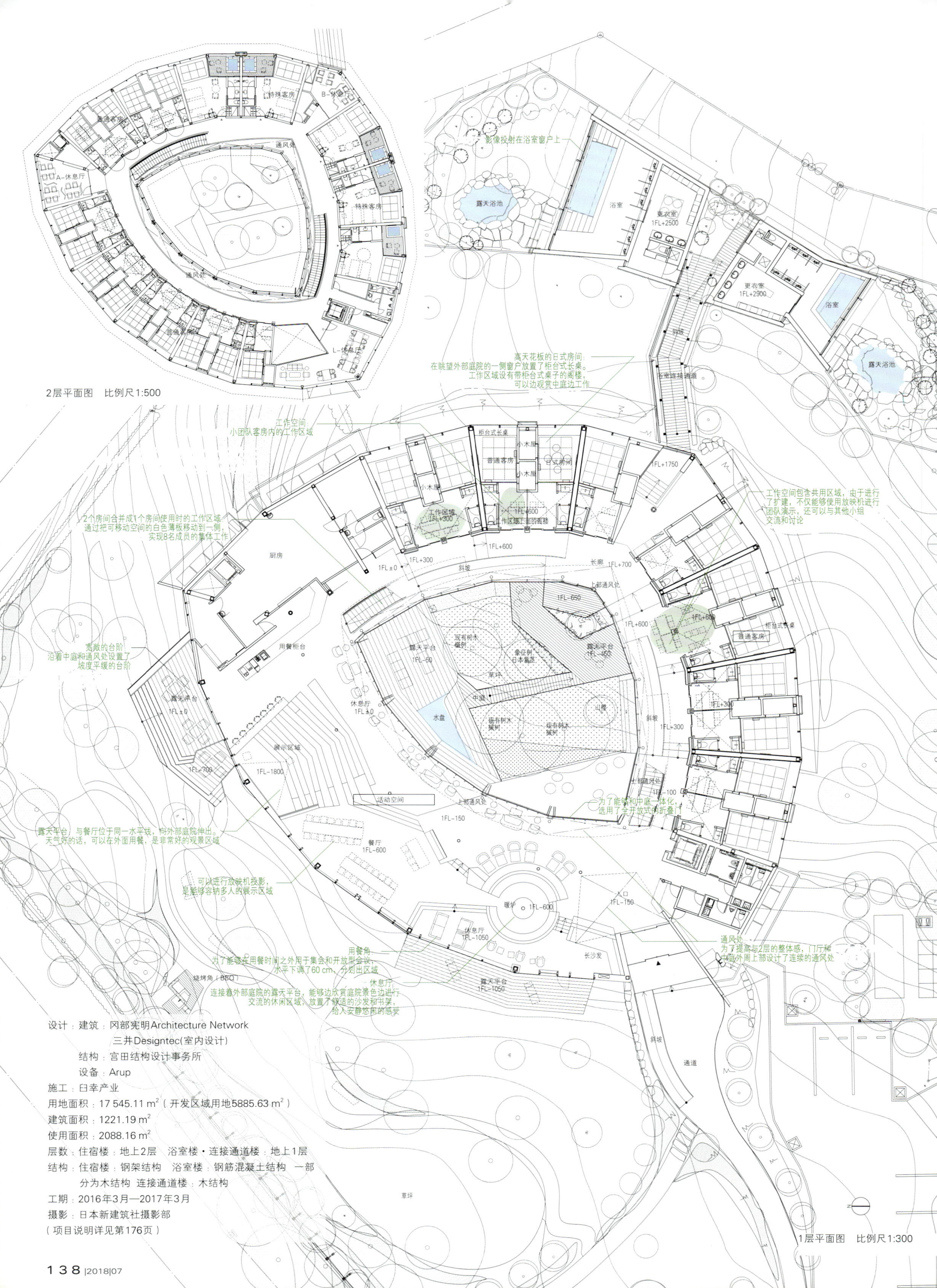

2层平面图　比例尺1:500

1层平面图　比例尺1:300

设计：建筑：冈部宪明Architecture Network
三井Designtec(室内设计)
结构：宫田结构设计事务所
设备：Arup
施工：臼幸产业
用地面积：17 545.11 m²（开发区域用地5885.63 m²）
建筑面积：1221.19 m²
使用面积：2088.16 m²
层数：住宿楼：地上2层　浴室楼·连接通道楼：地上1层
结构：住宿楼：钢架结构　浴室楼：钢筋混凝土结构　一部分为木结构　连接通道楼：木结构
工期：2016年3月—2017年3月
摄影：日本新建筑社摄影部
（项目说明详见第176页）

东侧傍晚景色。把现有林木的一部分保留下来，穿过中庭建设活动空间，由休息厅、餐厅、展示区域组成，图片为俯瞰景观

西侧外观。开口部分的框架线非常细。为了能够在外墙壁上形成阴影，调整外墙壁企口板的厚度和板宽，使其与周围的树丛自然地融合在一起

萌生边感受自然边进行团队交流的新想法

COLOPL

Q1.为什么需要这样的设施呢?

该项目以打造被大家喜欢的休闲设施为目标，设计师们在此聚集，通过聚精会神地思考，激发想像力，孕育出具有创造性的方案。该设施是COLOPL集团的第二开发据点，选址在箱根是因为这里不仅有离市中心很近的温泉地，还有很多美术馆和历史建筑，充满艺术与文化气息。

该设施目前已经开业1年，来到这里的团队能够在短时间内实现团队建设，通过企划会议和自由讨论策划出好的方案，进而创造出优良的产品。此外，这里有充足的私人空间，所以还常常作为同窗和家族旅行的场所。

Q2.作为设计之际的希望，你们期待会有哪些群体使用呢?

从设计之初便有这样的想法，把惠比寿的事务所和基础设施打造为统一风格，建设超越传统企业的住宿・研修设施。

具体来说，COLONY箱根的选址位于仙石原，这里亲近大自然，会议室自不用说，所有客房都是Wi-Fi全覆盖，客人带着笔记本无论在何处都可以进行工作。不仅可以在业务上集中精力，还可以享受美食，例如，在庭院内进行烧烤，在天然温泉中放松一下，做到劳逸结合。

期待今后COLONY箱根可以成为广受欢迎的建筑佳作。

（翻译：迟旭）

从1层入口处观看到的景色。沿着用地形状，在室内设置集会空间。前往中庭的开口处全部使用玻璃材质，面向西侧活动空间的部分可以全部敞开。该结构使人们从室内越过中庭，无论在何处都能够看到彼此的活动情景。天花板最高处为5450 mm

区域图　比例尺 1:3000

中庭景观。设置了水盘和露天平台，通过敞开玻璃门能够与室内融为一体

东侧回廊景观。把工作场所扩展到走廊，作为演示会场使用

从2层走廊向下俯视

普通客房

附带天然温泉的2层特殊客房

从入口处看向前往普通客房的走廊

移开两个客房间的隔板，可以作为工作区域来使用

阶梯状的展示区域

休息厅景观。该空间围绕暖炉放置沙发

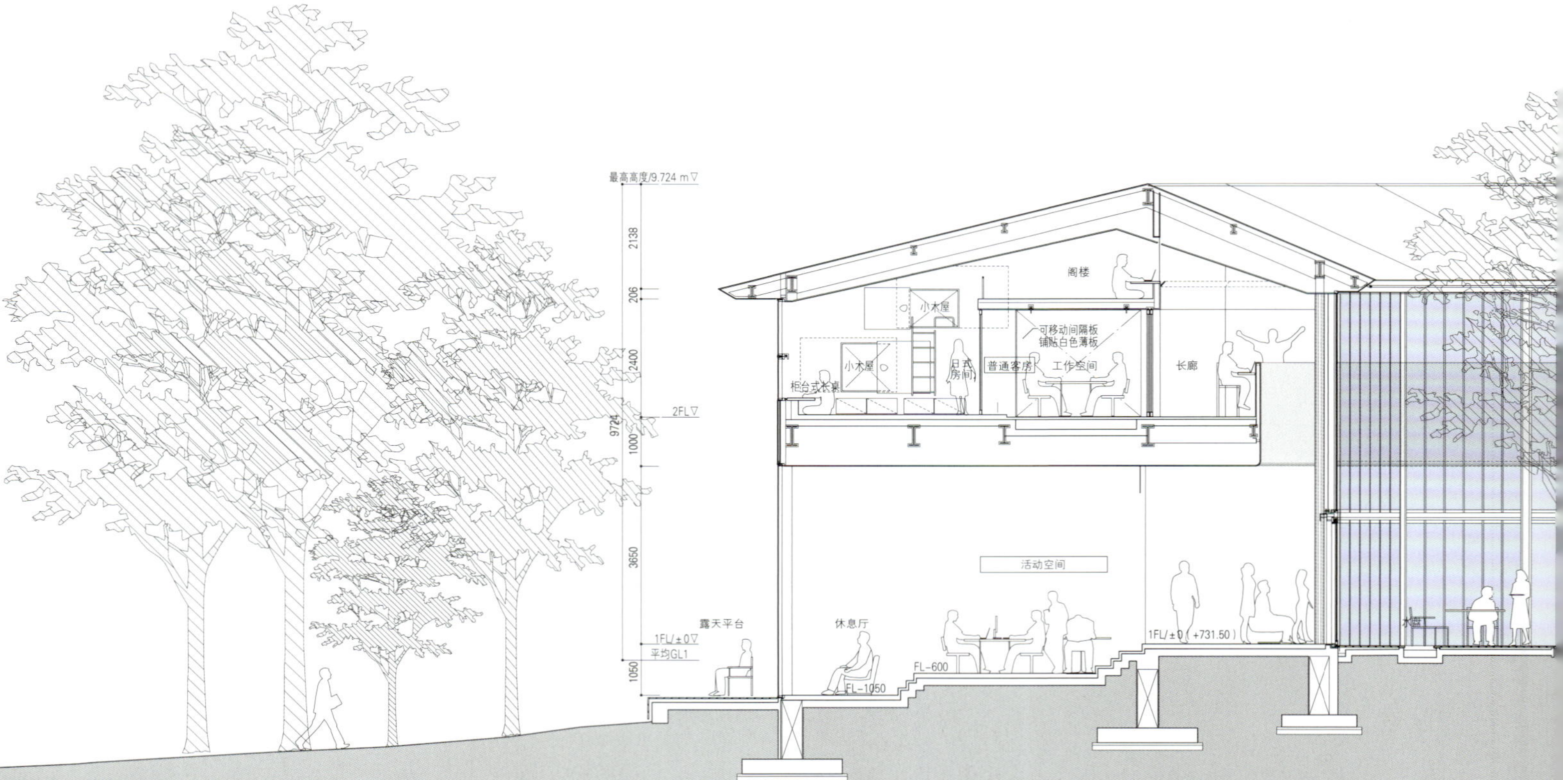

最高高度/9.724 m▽
2138
206
2400
9724
2FL▽
1000
3650
1FL/±0▽
平均GL1
1050
阁楼
小木屋
可移动间隔板
镶贴白色薄板
柜台式长桌
日式房间
普通客房
工作空间
长廊
活动空间
露天平台
休息厅
FL-1050
FL-600
1FL/±0（+731.50）
水庭

从环境体验中获得空间满足感

COLONY箱根与从前的“演讲+住宿”型研修设施不同，是针对设计师开发的新型旅居研修旅馆，在有缓坡的仙石原森林中规划建设。在这里可以切身感受到大自然，激发创作灵感。建筑的主题就是拥有创新性的“环境体验”。

箱根仙石原夏天凉爽宜居，冬天严寒，尊重当地的自然环境，我们希望建成这样一种理想状态的空间，即从空间的质和量、密度、音、光，到视觉、触觉等五感对来客进行刺激，在一个大大的房檐下打造与大自然相融的空间，无论在何处都能够看到多种多样的景像。

以“有水盘的中庭”和“有通风处的长廊”为中心，在从入口处连接的开放性活动空间里，有阶梯状展示区域和兼用于餐厅的会议区域，配有暖炉的跃层式休息区域与通向外部庭院的平台在空间上自然过渡，视觉上连成一体。个人和团体都可以进行活动的客房，两个房间可以通过可移动白色薄板分隔形成半开放式的工作区域。

由于空间设计让人感到舒适，无论何时何地都能够举行会议，轻松创意……发现“喜欢的住处”和“各种各样的使用方法”，这是为了“创造”而用心设计的空间。

（冈部宪明+宫坂知明/冈部宪明Architecture Network）

从展示区域向入口一侧看去

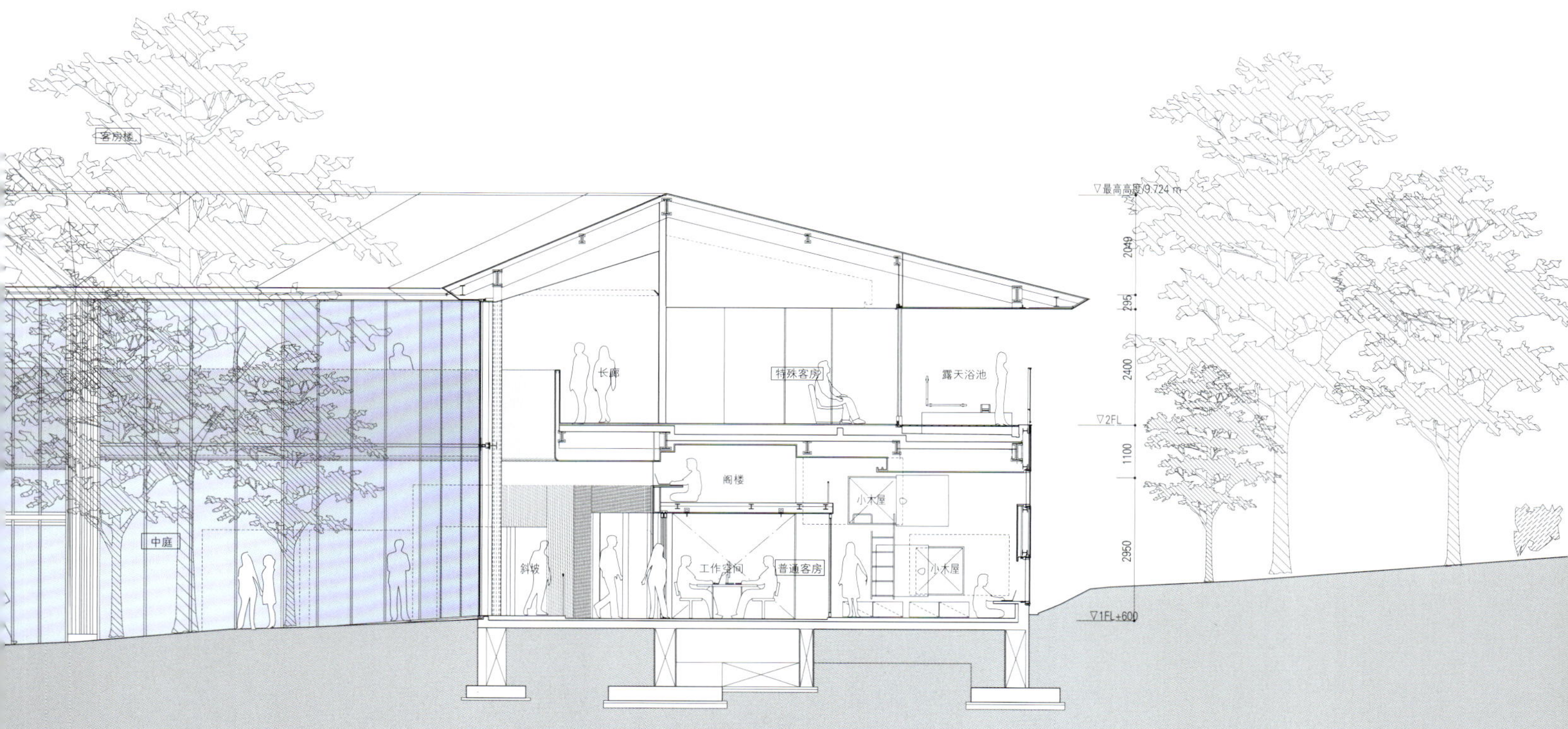

剖面图 比例尺1:150

AVEX大厦

设计施工　大林组

所在地　东京都港区

AVEX INC. HEADQUARTERS

architects: OBAYASHI CORPORATION

北侧视角。AVEX总公司大厦重建。包括一个一百多米的高层大厦和一片空间广场。高9 m的巨大房檐修建在入口之上。大阶梯宽5.5 m，登上台阶视野可以延伸到六本木方向

西侧视角。面朝青山大路，部分向后缩建，留出面积约为1500 m^2的广场。在广场一侧以及西南方向的小胡同位置建造商铺

2层的接待处视野广阔，可穿过大阶梯看见广场。午休时间或者是举办活动期间人声鼎沸、热闹非凡

顾客有何种想法?

集思广益，打造下一个流行前沿

村山智之（AVEX 集团管理总部总务）

——在新公司新环境中挑战不同的工作方式，是因为感受到了危机吗?

我们公司的总经理兼CEO松浦胜人说过“20年前就有人说CD早晚会卖不出去”这样的话，但是当时并没有人可以预知未来。我们AVEX公司刚发展起来的时候是新兴的小公司，竞争对手是实力雄厚的传统唱片公司。但是如今由于数字化的发展，违法下载的情况时有发生。我们的竞争对手变成了Google、Apple这样与我们行业有关的IT企业。另一方面，演唱会的发展前景很好，有好的企划和艺人支撑的话，那么顺其自然一些流行元素也就会应运而生。因此我们不能墨守成规保持以往的工作方式，要主动积极地和外面的各行各业的人进行交流。只有这样才能迸发出创新的活力。所以说要创造一个这样的环境来促进交流。

这个计划设计的初期还没有这样的想法，我们当时决定用以往的岛型办公格局。动工到实际完成大约历时4年，当初的建筑计划考虑了具有新意的建筑结构以及多种方案以便能灵活地实施，但是就在2016年即迁址的一年之前，工作方式改革的大潮迫使我们进行改革，负责人也大为震惊。

——设立共同工作空间还有个人工作室这些，可以看作是吸引人才的一种方式吗?

如今的社会和以往的不同，发生了很多的变化。比如人们越来越看重“交流与合作”“工作得有价值”“娱乐产业公司特有的办公环境”等。因此，为了促进与外部人员的交流，在设计中途临时创意，设计了共同工作空间和个人工作室。另外，我们为了促进公司内部人员更好地交流，舍弃了传统的办公方式导入了自由办公这一理念。2层的共同工作空间“avex EYE”，是为AVEX投资的公司、创新型人才和企业提供自由办公的场所，并且为他们的创业提供支持。现在因为安全的问题这个区域设置在外部，但是松浦先生说要想创新，安全问题不能防范得过于死板应该灵活处理。因为是娱乐行业，在安保问题方面确实有困难的地方。但是管理的平衡把握不好，就很难引入新人才和新观念。如果想要获得这些的话就要准备好承担一定的风险。

4层的舞蹈工作室和VR影像工作室在7月开业。原有的工作室在原宿，因为比较远社员不能随时过去。现将工作室迁移至公司内部，能吸引更多的优秀人才来到这里，对于员工来说也非常便利。职员食堂中的咖啡小站（POP-IN）为年轻艺术家们提供了打工的场所。与其把机会给了完全不知道背景的人，不如给这里的年轻人一些机会，可谓是一箭双雕。

——公司内部的工作方式发生了什么变化吗?

我们现在不管是在办公室还是员工食堂，可以随时与邻座其他部门的人员交谈，一起商讨一个企划。特别是我们公司以艺术家为中心360度全方位展开业务，“快要正式上场了，我们再开一次作战会议吧”当有这种需要的时候可以在这个自由的环境中，超越部门的限制更好地进行团队合作。与特定的时间集合在会议室相比效率上是大大提升的。实际上，过去我是反对这样的形式的，因为我觉得对于嗓门大的人固然可以快速适应但是对于声音较小的人来说就比较困难了。但是在实际的实施过程中并没有发生这样的事情，大家都在一个愉快的氛围中工作。从结果来说我们很幸运，工作方式进行改革的同时期搬迁到公司新大厦。还有一个就是如果规矩定的太多就会影响一些新想法的产生，对于这一点灵活处理是非常必要的。

村山智之

（2018年6月4日，于AVEX公司　文字：日本新建筑社编辑部）

（翻译：程雪）

「速度」×「永恒」/ 城市中心的广场空间

2014年年初，原公司因年久失修需要搬迁，同时也是为了贯彻落实工作方式改革的号召，AVEX集团决定建立一个新公司大厦。我们公司接受了这项工程，并坚持以AVEX公司的企业理念为主导，面向未来设计一个新型大厦。

大厦要求有一定的标志性，希望能建一个高度超过100 m的大厦。因此，将大厦纵向设计成垂直伸向天空的修长形状，横向设计巨大的水平屋檐，两者分别表现了“速度”和“永恒”这两个概念。

在具体的部署方面符合整体的城市规划的同时也独具匠心。大厦的地址设在青山大路，这里是日本有名的高端区域，与邻近的表参道区域不同，相较于车道，步行街道面积很小。大厦向后缩建，在马路和大楼的中间区域空出一个广场空间。在这个开放区域可以举办各式各样的活动，积极和外界进行联系。这个广场空间正是AVEX集团形象的标志。2层接待室和共同工作空间紧密相连，广场、入口、大阶梯、共同工作空间成为一体空间，形成一个娱乐企业特有的环境，在这里可以举办各式各样的活动。工作方式改革宣传至今，这个建筑加速了工作方式的创新，期待今后能成为一个产生新的概念和价值的平台。

（贺持刚一/大林组）

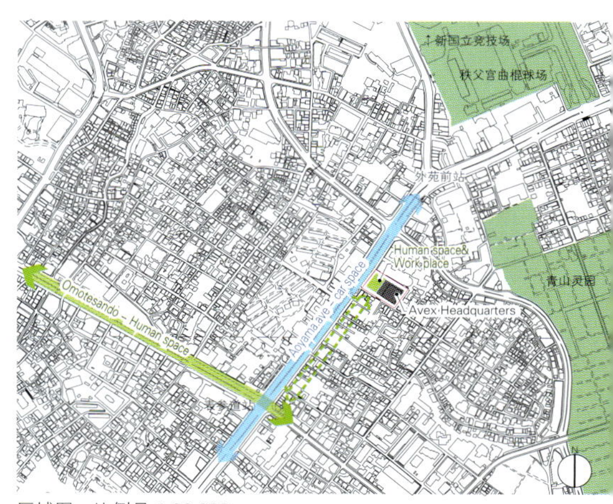

区域图　比例尺 1:20 000

共同工作空间“avex EYE”。该空间有100个座席，为AVEX公司投资的公司、有创业想法的人才、创业的小企业等提供免费办公场所。致力于给予在娱乐产业打拼的企业和个人提供创业支持、给公司内部人员提供良好工作环境以及不断挖掘人才和商机等

设计施工：大林组
用地面积：5065.79 m²
建筑面积：2399.56 m²
使用面积：28 344.20 m²
层数：地下2层　地上18层　阁楼1层
结构：钢筋混凝土结构　一部分为钢架钢筋混凝土结构
工期：2015年7月—2017年9月
摄影：日本新建筑社摄影部（特别标注除外）
（项目说明详见第149页）

接待大厅视角。视线可以延伸至六本木方向。中央部分是接待处，接待台参考AVEX公司的品牌标志进行设计。右手边是共同工作空间avex EYE的入口处

CREATIVE BAS
avex EYE

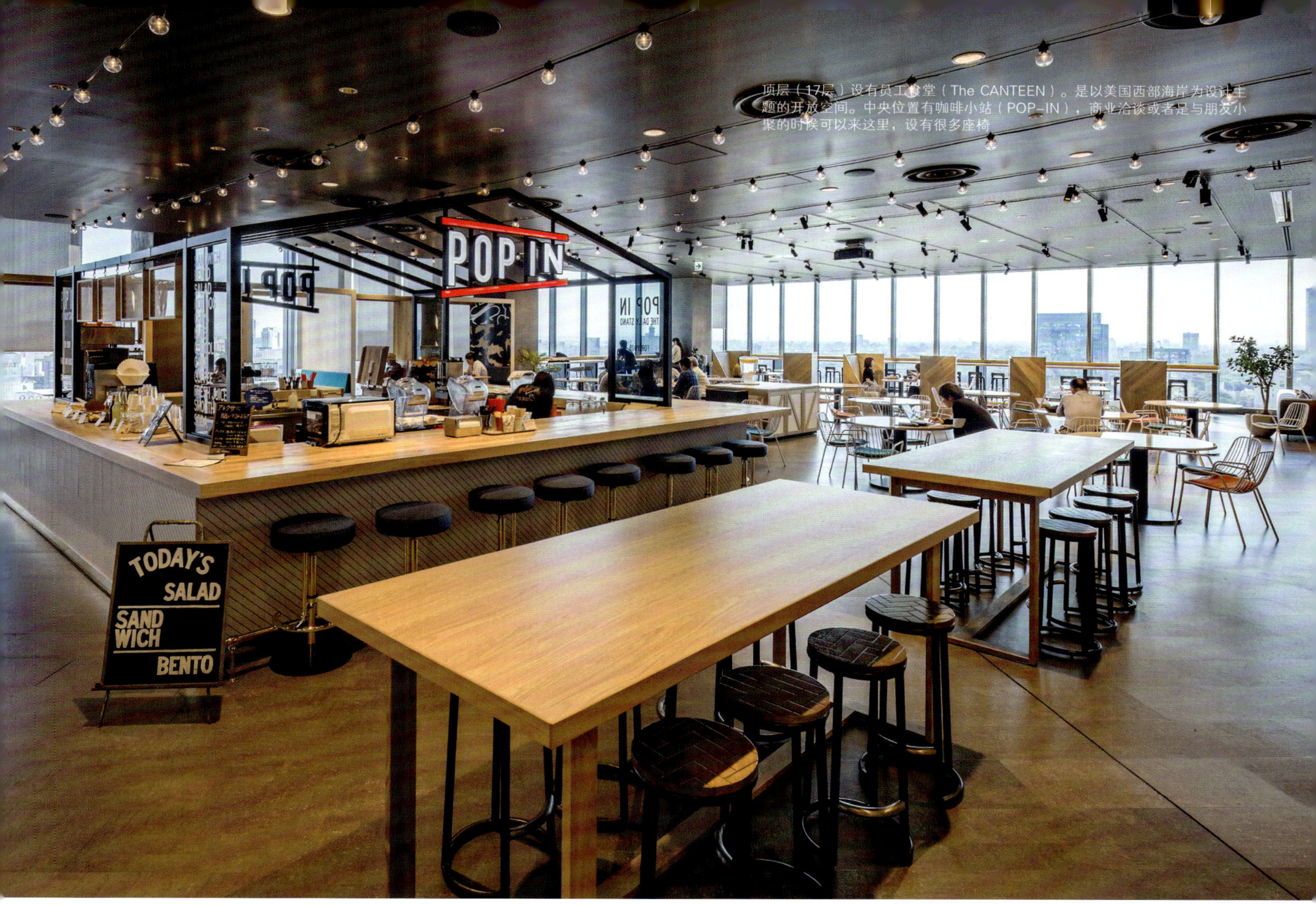
POP IN
TODAY'S
SALAD
SAND WICH
BENTO

顶层（17层）设有员工食堂（The CANTEEN）。是以美国西部海岸为设计主题的开放空间。中央位置有咖啡小站（POP-IN），商业洽谈或者是与朋友小聚的时候可以来这里，设有很多座椅

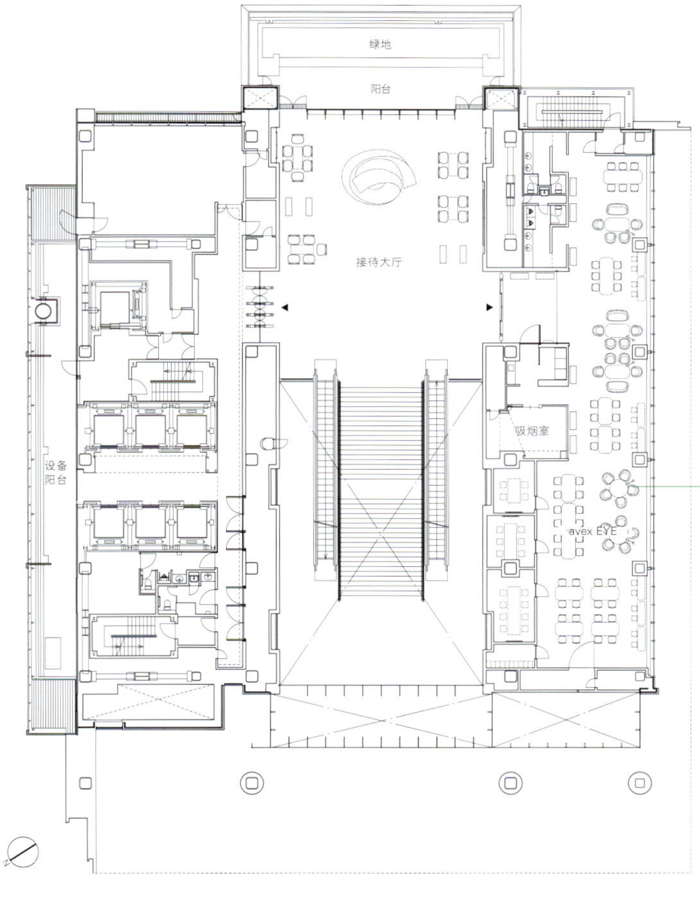
绿地
阳台
接待大厅
吸烟室
设备阳台
avex EYE
共同工作空间。为投资企业和优秀人才提供办公场所

2层平面图　比例尺1:500

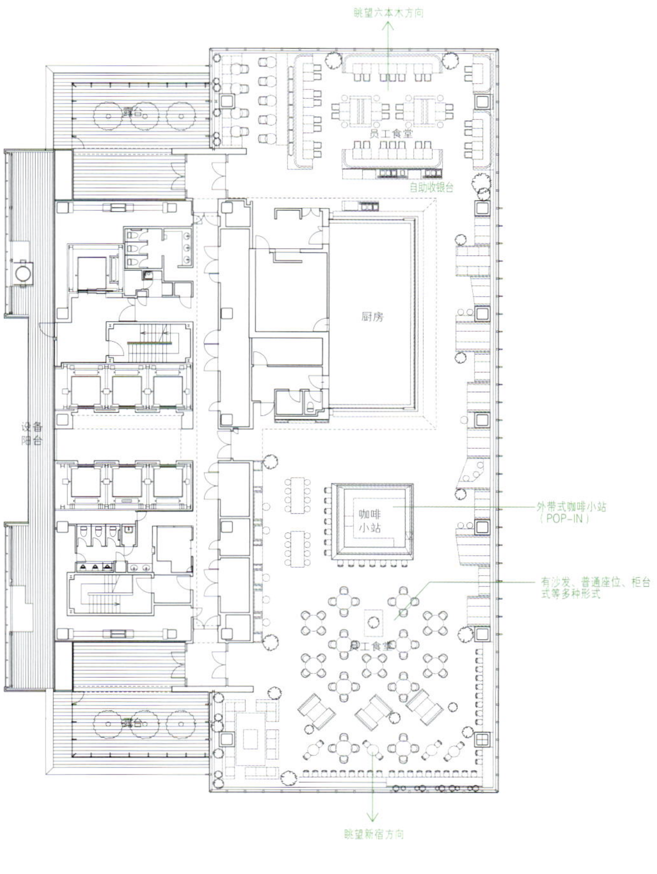
眺望六本木方向
员工食堂
自助收银台
厨房
设备阳台
咖啡小站
外带式咖啡小站（POP-IN）
有沙发、普通座位、柜台式等多种形式
员工食堂
露台
眺望新宿方向

17层平面图

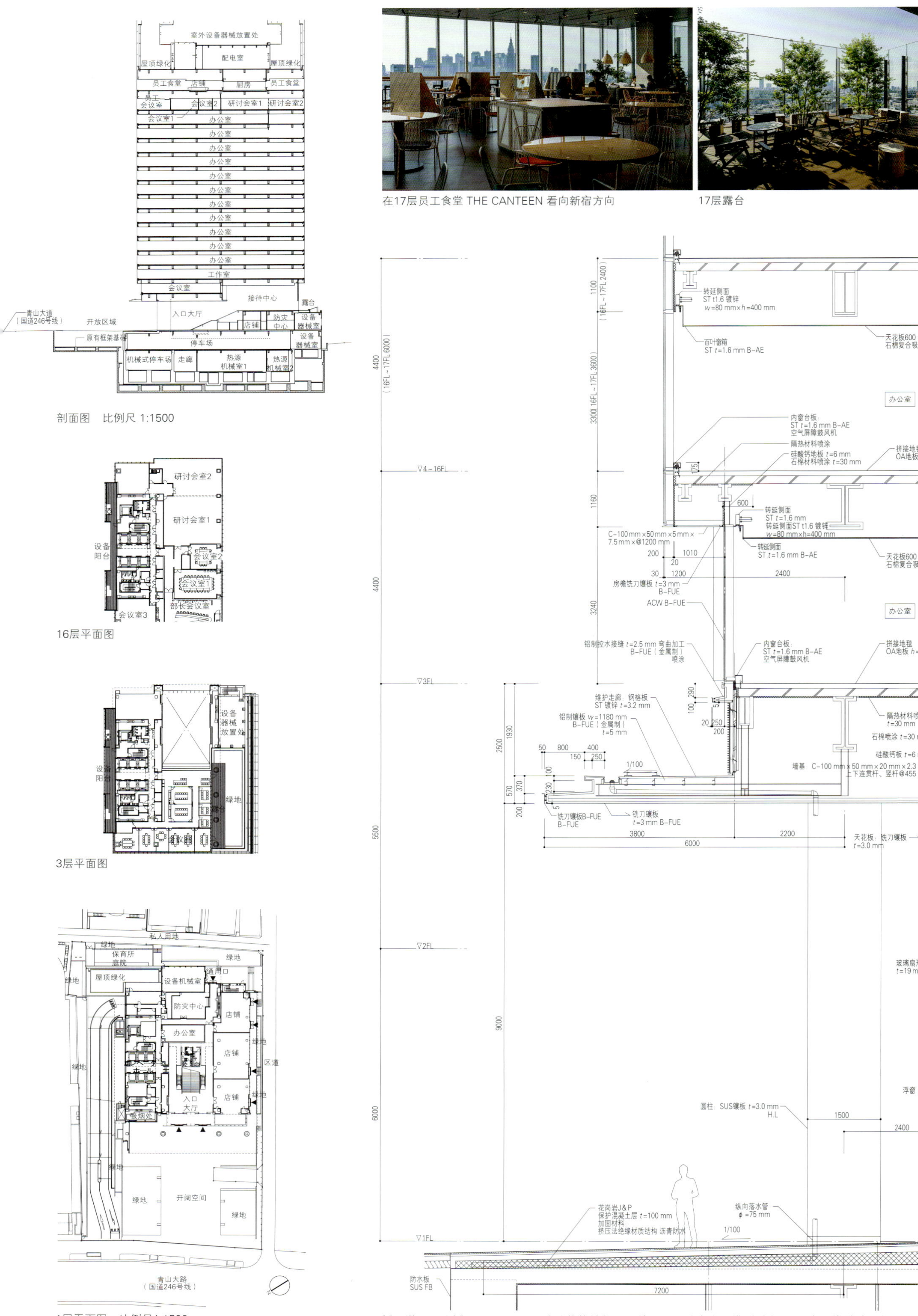

剖面图　比例尺 1:1500

16层平面图

3层平面图

1层平面图　比例尺1:1500

在17层员工食堂 THE CANTEEN 看向新宿方向

17层露台

剖面详图　比例尺1:100　入口处的整体结构。提前用原尺寸大小的模型对高9m的大屋檐前端形状和外观大小进行检验。高100 m的大厦外观看起来非常简约且引人注目，象征着永恒。（松冈兼司/大林组）

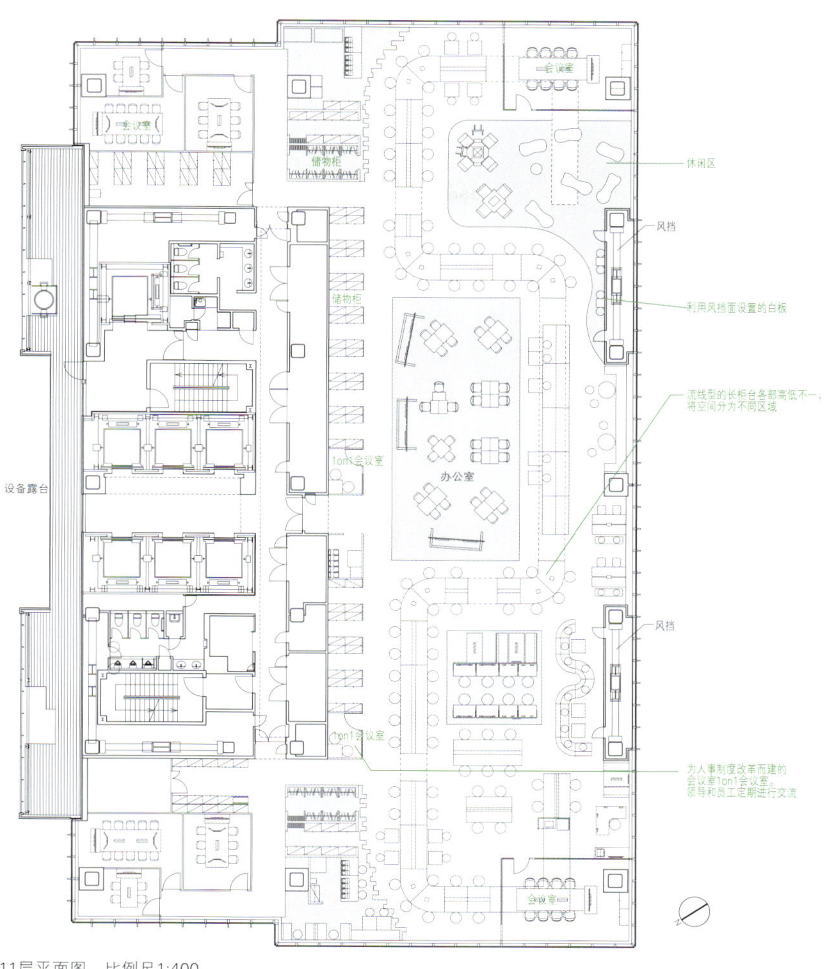

11层平面图　比例尺1:400

上：第16层部长会议室。V字形露台体现一种速度感
下：面向露台的第3层会议室——THE SESSION。墙壁和地板非常有艺术感

6–15层的办公室。每个楼层都采用了不同的设计风格，可根据自己当天的心情选择办公环境。左上：第13层办公室。不设专有座位，个人财物放在左边寄存储物柜中

华歌尔新京都大厦

综合监理·设计监修　U corporation
设计施工　飞岛建设
所在地　京都府京都市南区
WACOAL NEW KYOTO BUILDING
architects: U CORPORATION　TOBISHIMA CORPORATION

建筑物西侧主立面。该公司是一家京都的传统企业，女性职员占80%。1层和2层是华歌尔学习会馆，兼有学校、图书馆、共用工作空间、美术展览室等空间。这里向普通市民传递美的信息，同时也是一个功能性场所。外部设有鳍状稳向板

西北侧视角。在十字路口的边缘处设有咖啡店，和周围的建筑高度保持一致，外围种有竹子，非常具有京都风格。

西北方向夜景。幕墙下方设有LED照明，照亮卷帘屏幕，整个建筑物光彩熠熠。照片中是以“绸缎之美”为设计主题的灯光表演

适合女性办公的工作环境

在京都八条口的西南方向，八条小路的十字路口的角落有一家企业，“让所有女性都变美”是他们的追求目标也是经营理念，同时“美的教育与普及”一直是这里工作的主要内容。作为京都的老牌企业，为了让这个城市更有活力，也为了让住在这里的人们甚至是游客都能变得美丽，他们一直在不懈努力。

公司有将近80%的女性职员，因此希望建造一个适合女性的良好办公环境。该项目旨在打造一个温度舒适的办公环境。

外部主题是以“风中飘摇的绸缎”为灵感设计的幕墙，用鳍状稳向板和LED灯的照明配合设计而成。鳍状稳向板由铝制模铸制成，整体的感觉像是绸缎在风中有节奏地飘摇，给整个大厦带来一种欢快的节奏。另外，每当傍晚时分会点亮LED灯，白色光线照亮铝制鳍状稳向板，营造出一种透明感、清洁感。白天是随风飘动的绸缎，夜晚是光照下的绸缎，不同时间下的不同状态表现出现代女性的柔美、高雅、纯净与激情。

幕墙一面设置有宽约90 m高约26 m的帆布，每隔30分钟就会有一场别开生面的立体感强的灯光表演。整点开始播放有社团法人标志的灯光表演，用具有日本特色的色调来体现季节变迁。美妙的色调温柔地包裹着建筑物，与鳍状稳向板、外围竹林一起给这栋建筑物带来生机。充分考虑自然与历史因素，使用了“三色土”种植竹子。整个建筑物的曲线也和京都的建筑相协调，表现京都特色。

（工藤惠美子 / 飞岛建设）

（翻译：程雪）

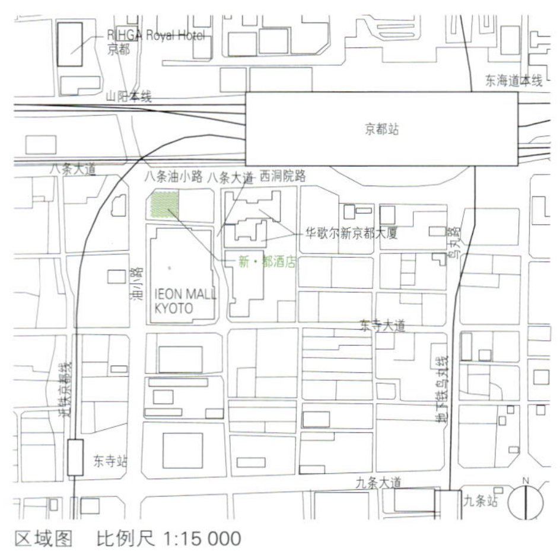

区域图　比例尺 1:15 000

3层平面图

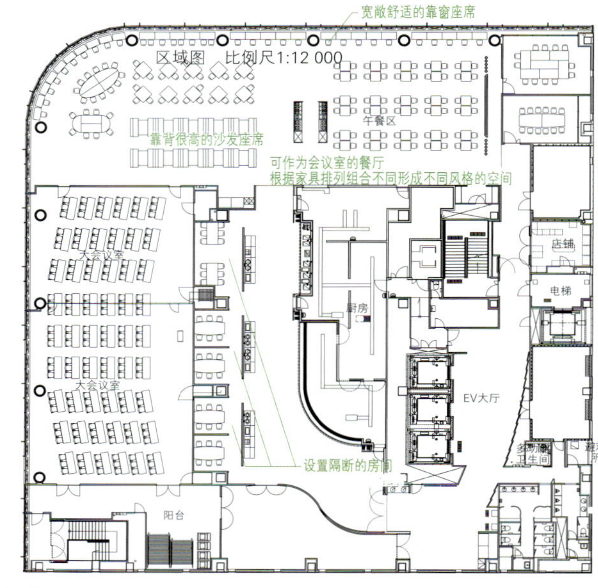

7层平面图

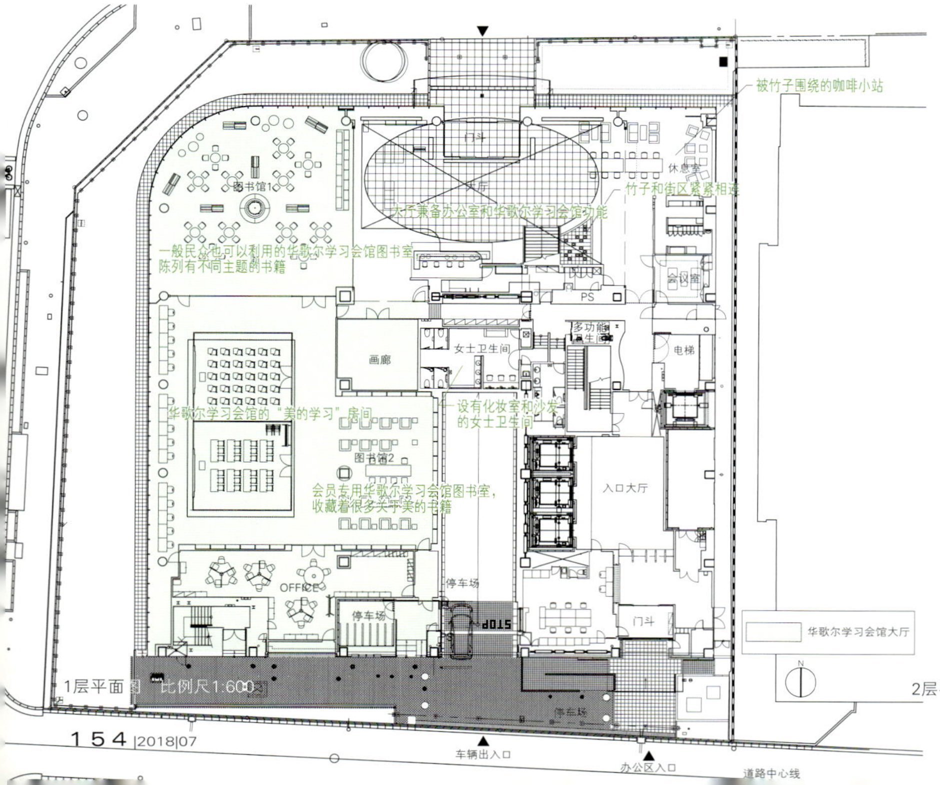

1层平面图　比例尺1:600

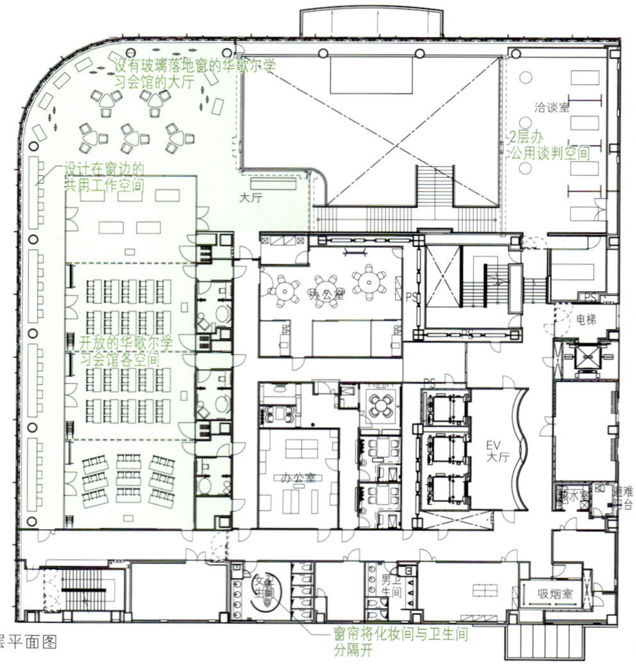

2层平面图

2层商务角看向1层图书室和2层华歌尔学习会馆。图书室陈列有各式图书和资料，2层华歌尔学习会馆可供人们谈事情、休息使用

1层的休息室看向入口大厅。天花板高8100 mm。休息室中设有咖啡小站，可供职员以及拜访人员使用

美的发祥地，充分结合女性特点设计办公环境

华歌尔 总务・资产管理部

Q1. 为什么想设计一个这样的办公环境呢？

关于新的公司大厦，主要是有以下几点考虑：

1：打造一个国际化的华歌尔公司，成为京都的标志。

2：华歌尔在商品、研究、收藏等方面都要成为发扬女性之美的典范。

3：成为文化艺术活动的举办地，做出应有的社会贡献。

4：让来京都的游客能感受到京都独特的办公场所的魅力，成为一个观光地标。

本次举办“华歌尔学习会馆・京都”，请来专业的讲师进行演讲。1层和2层的大部分都是“图书馆兼公共办公空间”，可供普通市民自学、阅读使用。女性通过在这里的学习，不仅可以满足好奇心还能学习如何变美、创造美的生活方式。希望将该地发展成一个有创造性的、传递美的京都标志。

Q2. 一直以来的办公环境有什么问题呢？为了解决这些，这次采取了什么样的计划和策略来应对呢？

作为一个女性职员较多的企业，我们时刻注重为女性创造一个适合她们的工作环境。在关于办公室环境的调查中，我们发现女性对一些问题点很关注：办公室的冷气开得太足脚会冷、对空调气流感到不适、窗边座位因季节天气变化气温变化明显且很晒等。想要解决空调问题，就要选择能控制温度湿度平衡的吹微风的空调。关于窗边环境，在Low-E复式玻璃幕墙内侧设置了卷帘和百叶窗双重防护。而且每一个隔断（7.2 m×7.2 m）都尽可能安装独立空调设备，使得每个区域有不同的温度以适应不同的职员。充分考虑女性的感受，设置可以休息的卫生间、休息室、更衣室等，打造一个舒适的办公环境。

综合监理・设计监修：U corporation
设计・监理・施工：飞岛建设
用地面积：2908.81 m^2
建筑面积：2036.34 m^2
使用面积：15 742.54 m^2
层数：地下1层　地上7层　阁楼1层
结构：钢筋混凝土结构　一部分为钢架钢筋混凝土结构
工期：2014年11月—2016年7月
摄影：日本新建筑社摄影部
（项目说明详见第178页）

2层华歌尔学习会馆大厅。外围种植的竹子和京都的街景相映成趣。照片正左边是华歌尔学习会馆的教室

1层的图书馆方向看向华歌尔学习会馆教室。教室里使用可瞬间调光的玻璃，根据举办的活动不同，自动调整光线的强弱

7层可供午餐休息使用，会议时也可以使用

从楼梯向下看挑空

标准层办公环境。每隔7.2 m的格网就调整照明和空调，充分考虑区域空间内的环境差

标准层办公区。使用多功能空调，可以有效防止气流带来的不舒适

1层设有华歌尔学习会馆会员专用的图书室

2层的华歌尔学习会馆视角

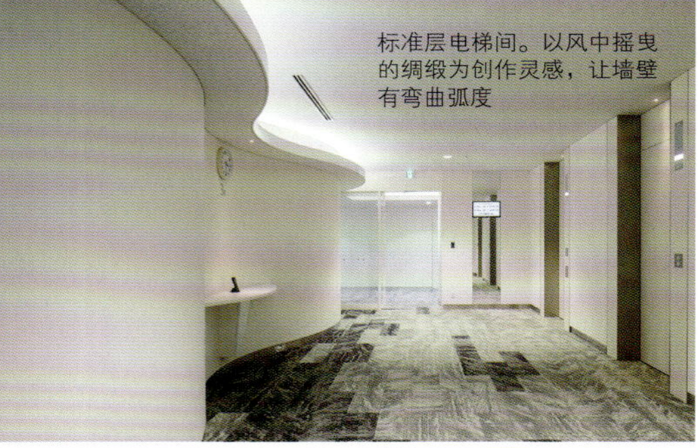
标准层电梯间。以风中摇曳的绸缎为创作灵感，让墙壁有弯曲弧度

从1层面向一般人开放的图书室看向入口大厅

入口大厅的中央台阶视角。室内装饰有竹子，在设计上与室外的竹子相呼应

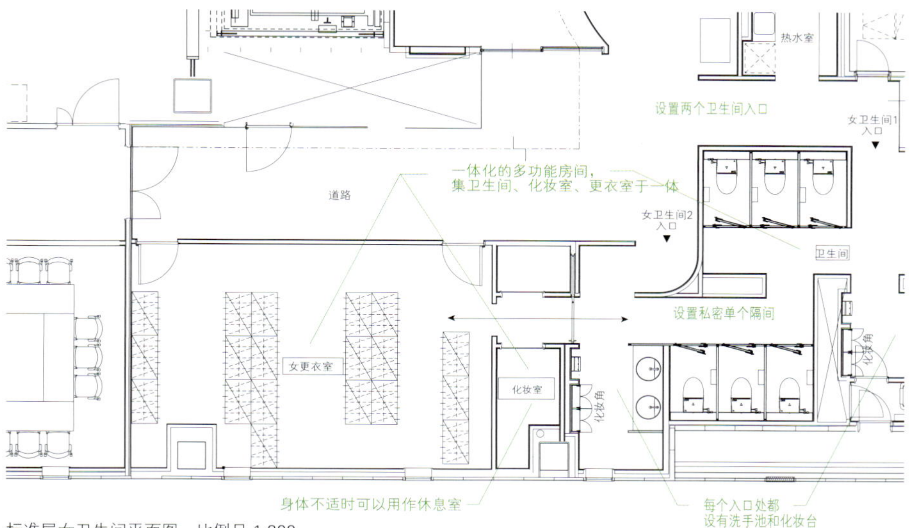

标准层女卫生间平面图　比例尺 1:200

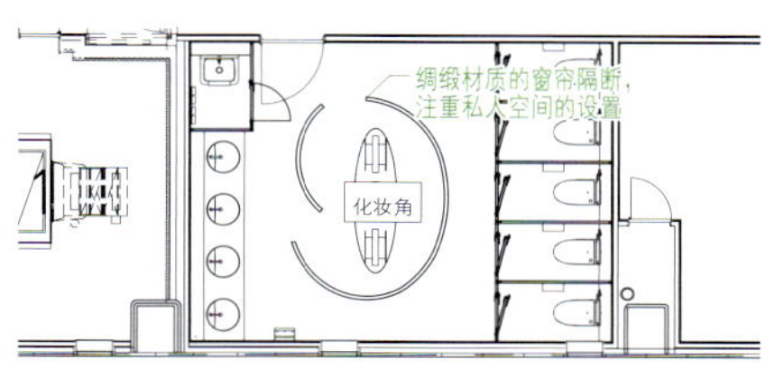

1层女卫生间平面图　比例尺 1:300

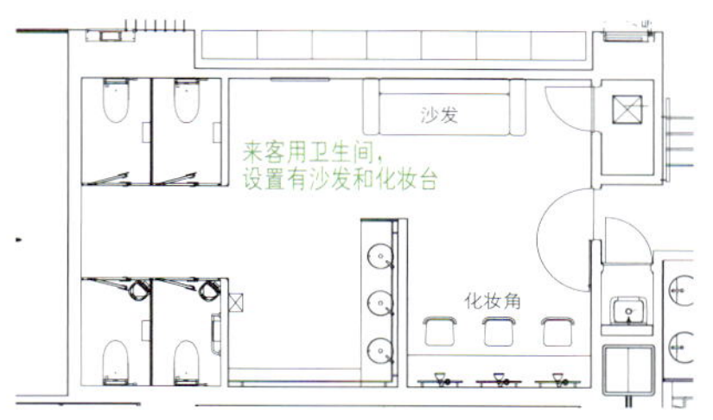

2层来客用女卫生间平面图

上：2层来客用女卫生间，卫生间和化妆室用窗帘隔开/中：1层女卫生间。入口处设置有化妆区域和沙发/下：标准层的卫生间入口处。可以从两个入口处进入，分别设置有洗手池、化妆台

窗周详图。百叶窗和卷帘窗在上方收起。下面设置有LED照明灯箱

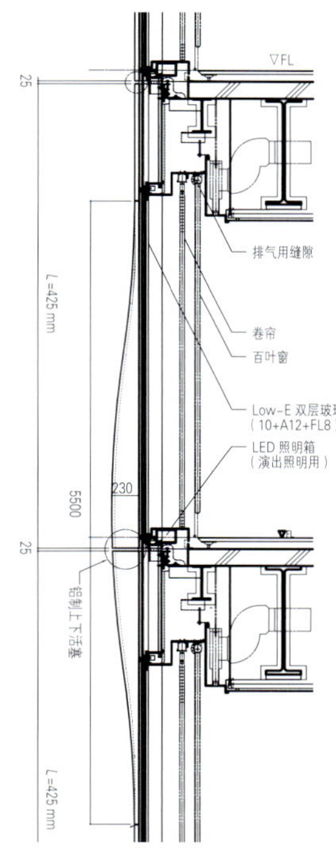

办公层详图　比例尺 1:80

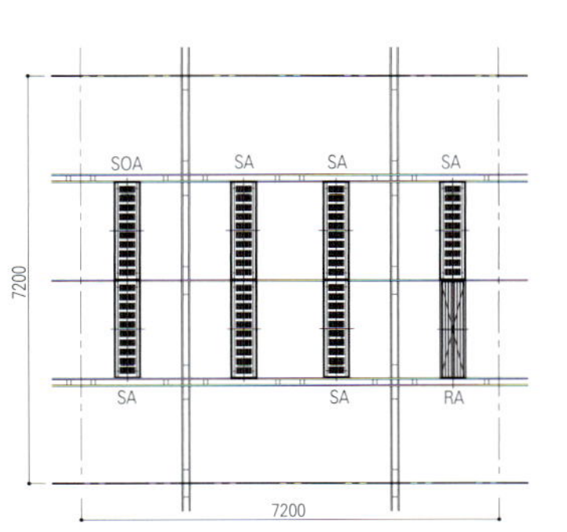

散热板区域图　比例尺 1:200

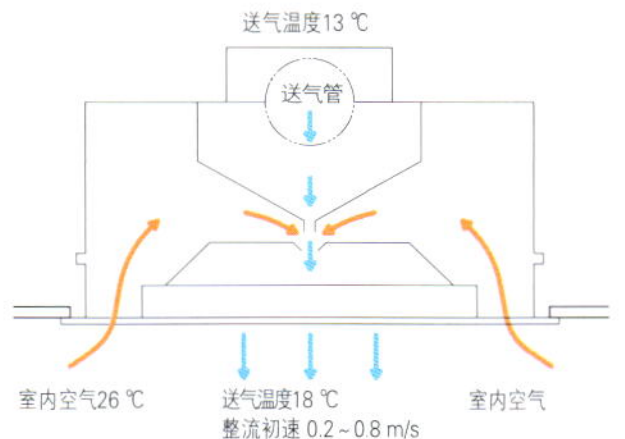

散热板概念图

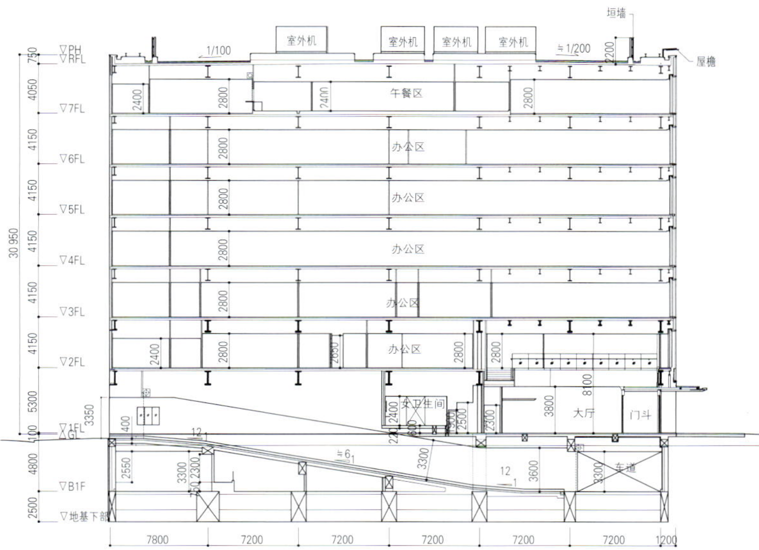

剖面图　比例尺1:600

Prototyping in Tokyo展 会场内观

设计　万代基介建筑设计事务所
施工　N.Brandão Empresa de Arquitetura e Cenografia
所在地　巴西 圣保罗
SPACE DESIGN FOR EXHIBITION OF PROTOTYPING IN TOKYO
architects: MANDAI ARCHITECTS

在圣保罗JAPAN HOUSE举办的展览会"Prototyping in Tokyo"（东京大学生产技术研究所 山中俊治研究室）的会场结构。因厚度为3.2 mm的薄铁板其本身的重量产生的变形，展现出一个自然弯曲的展示台

自然之力下的波浪形桌面

Prototyping & Design Laboratory（东京大学山中俊治研究室）在巴西圣保罗的展示会场。展示有七个类别，七个桌面仿佛在空中悬浮。厚度为3.2 mm的薄铁板放置在高度不同的支点上，铁板自身的重量产生弹性变形，最终呈现出自然的曲面。建筑物通常会设计成抵抗重力的结构，本次展示却反其道而行之，积极与“地球之力”相结合设计出与众不同的作品。

首先根据模型预测桌面的形状。用0.5 mm厚的PET板（聚对苯二甲酸乙二醇酯）以1/8.1的比例进行试验，因为这种材料和3.2 mm厚的铁板类似可以根据自身的重量产生形变。将这个板子搭在柱子上自然弯曲的结果并不美观，为了使展品和空间的关系更加协调，对每个接点的高度都进行了调整（如图示）。例如，将倾斜角度调整到人们容易看的角度，坡度可以让机器人移动，随着展示内容与节奏的不同“波纹”的急缓也有变化。

由于桌面弯曲有一定的倾斜度，如果柱子从地面垂直立起，每个柱子与桌面的接合处都会有不同的角度。制作时必须充分预测到柱子的熔接角度。因此依照实物形状做了模拟演示（详见第164页）。取掉支撑柱子弯曲的桌面又会变成平板，便于巡回展时运输。

整个设计在一般情况下来说是不可取的，但是本次设计打破常规，是一个开放性的大胆尝试。不确定的设计和非流线型的材料创造出柔美之感、流动之感。

（万代基介）

（翻译：程雪）

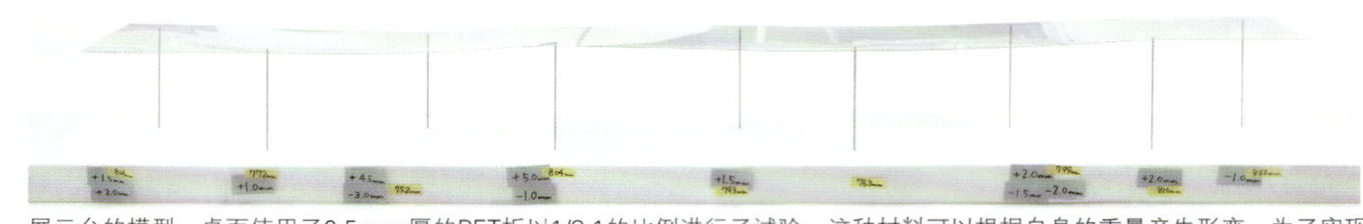

展示台的模型。桌面使用了0.5 mm厚的PET板以1/8.1的比例进行了试验，这种材料可以根据自身的重量产生形变。为了实现理想的桌面形状，不断试验支撑柱的高度。以设定的桌面支撑点高度为标准，用解析模型计算正确的桌面形状还有柱子的安装角度

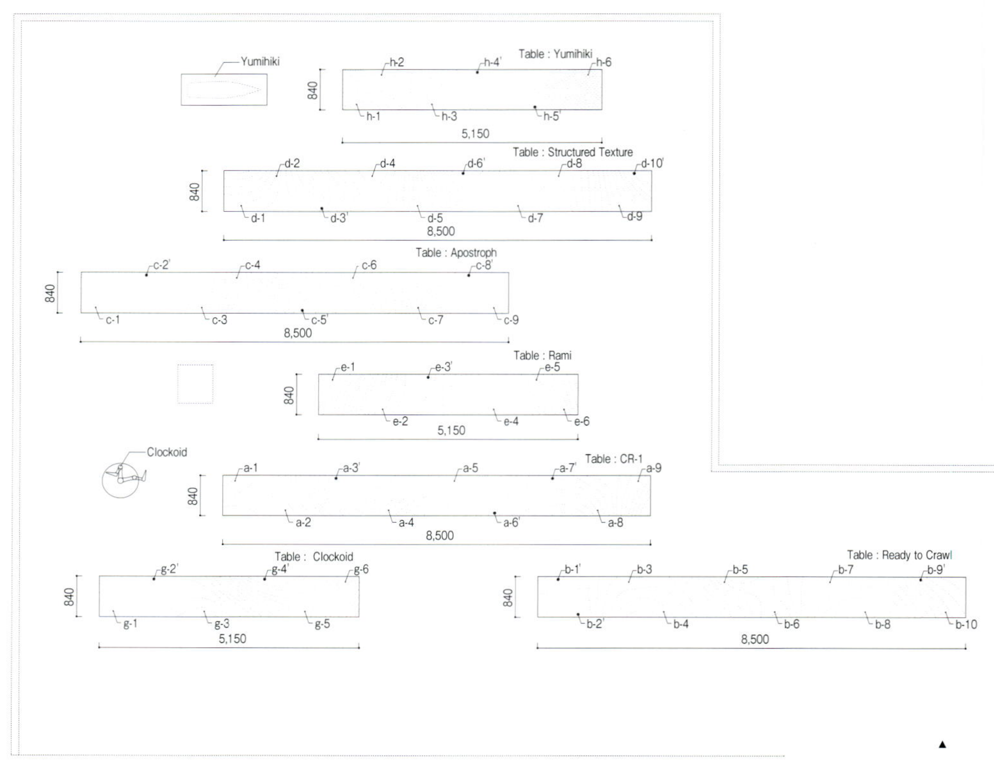

平面图　比例尺1:150

立面图　比例尺 1:20

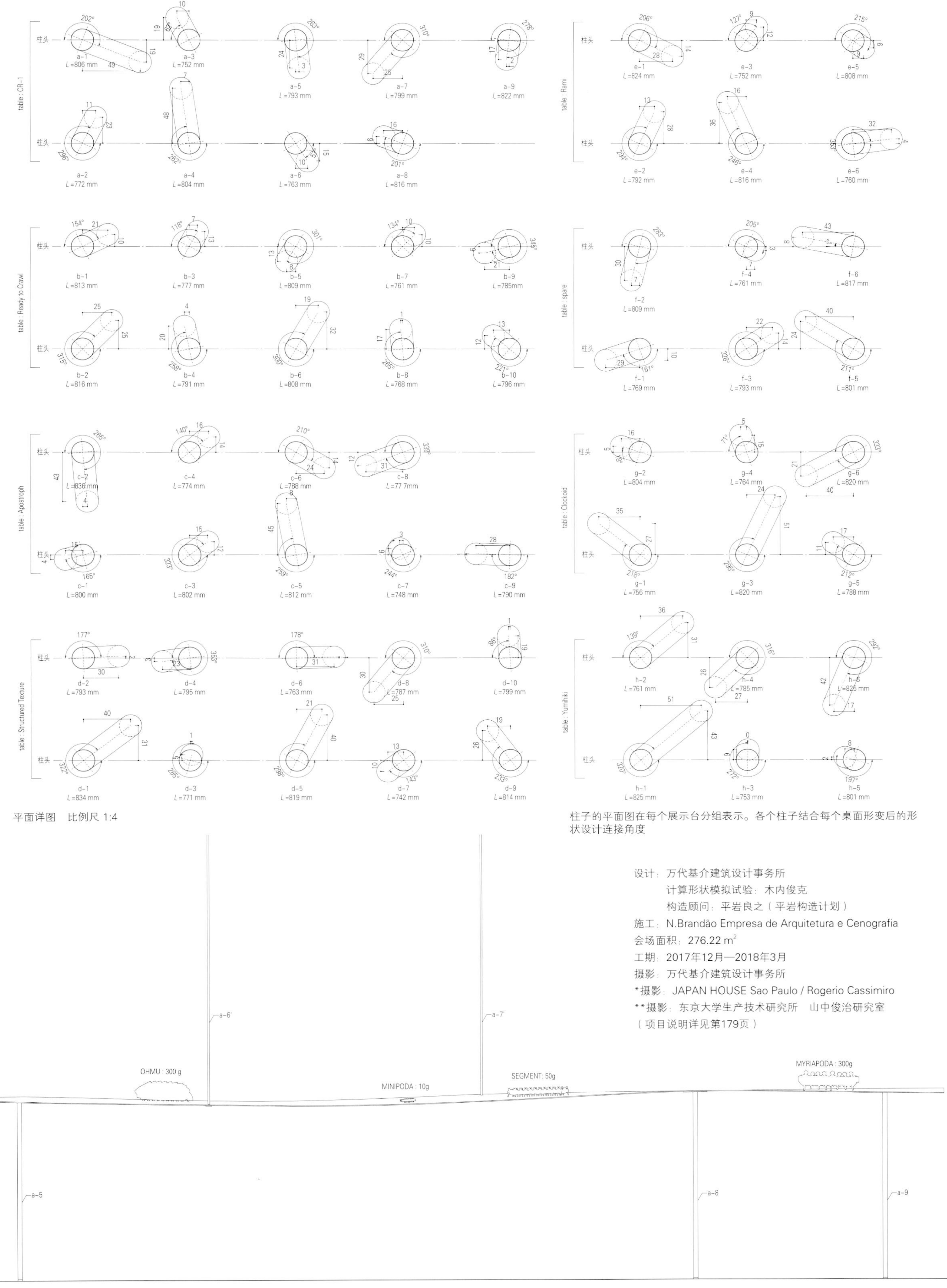

平面详图　比例尺 1:4

柱子的平面图在每个展示台分组表示。各个柱子结合每个桌面形变后的形状设计连接角度

设计：万代基介建筑设计事务所
计算形状模拟试验：木内俊克
构造顾问：平岩良之（平岩构造计划）
施工：N.Brandão Empresa de Arquitetura e Cenografia
会场面积：276.22 m²
工期：2017年12月—2018年3月
摄影：万代基介建筑设计事务所
*摄影：JAPAN HOUSE Sao Paulo / Rogerio Cassimiro
**摄影：东京大学生产技术研究所　山中俊治研究室

（项目说明详见第179页）

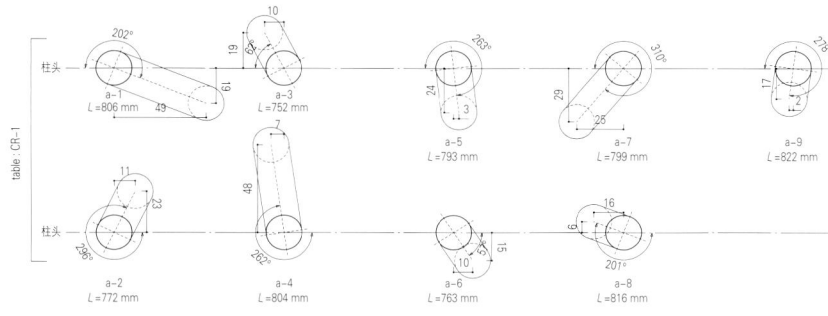

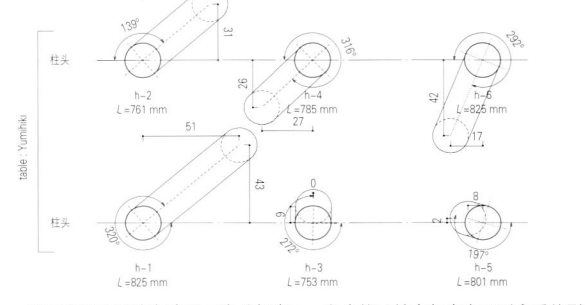

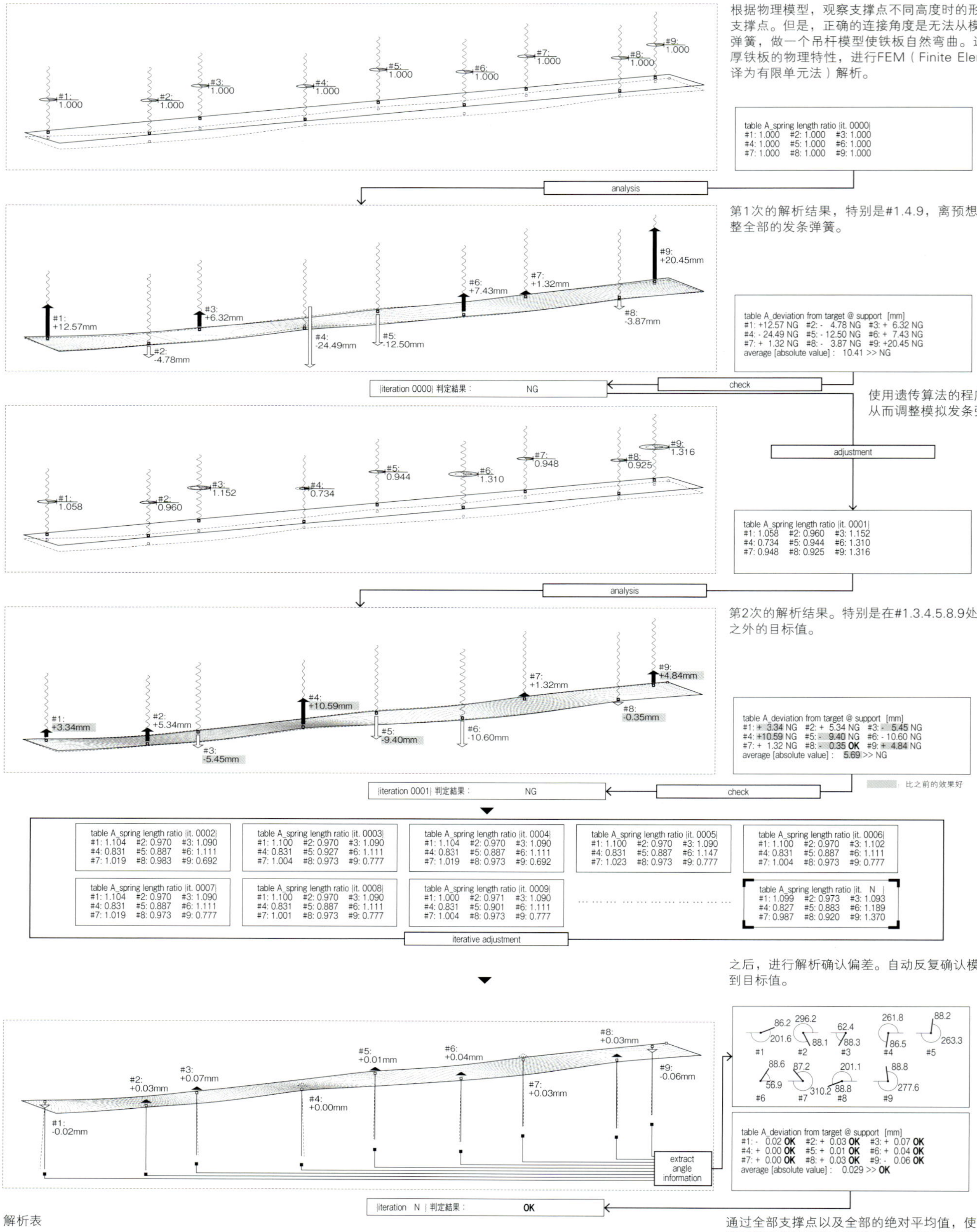

#1: 1.000 #2: 1.000 #3: 1.000 #4: 1.000 #5: 1.000 #6: 1.000 #7: 1.000 #8: 1.000 #9: 1.000

根据物理模型，观察支撑点不同高度时的形变效果，决定最适宜的支撑点。但是，正确的连接角度是无法从模型中计算的。通过发条弹簧，做一个吊杆模型使铁板自然弯曲。这也是充分考虑3.2 mm厚铁板的物理特性，进行FEM（Finite Element Method的缩写，译为有限单元法）解析。

table A_spring length ratio |it. 0000|
#1: 1.000 #2: 1.000 #3: 1.000
#4: 1.000 #5: 1.000 #6: 1.000
#7: 1.000 #8: 1.000 #9: 1.000

analysis

第1次的解析结果，特别是#1.4.9，离预想高度偏差较大，必须调整全部的发条弹簧。

#1: +12.57mm #2: -4.78mm #3: +6.32mm #4: -24.49mm #5: -12.50mm #6: +7.43mm #7: +1.32mm #8: -3.87mm #9: +20.45mm

table A_deviation from target @ support [mm]
#1: +12.57 NG #2: - 4.78 NG #3: + 6.32 NG
#4: - 24.49 NG #5: - 12.50 NG #6: + 7.43 NG
#7: + 1.32 NG #8: - 3.87 NG #9: +20.45 NG
average [absolute value] : 10.41 >> NG

check

|iteration 0000| 判定結果： NG

使用遗传算法的程序，可以自动测算偏差，从而调整模拟发条弹簧的长度

adjustment

#1: 1.058 #2: 0.960 #3: 1.152 #4: 0.734 #5: 0.944 #6: 1.310 #7: 0.948 #8: 0.925 #9: 1.316

table A_spring length ratio |it. 0001|
#1: 1.058 #2: 0.960 #3: 1.152
#4: 0.734 #5: 0.944 #6: 1.310
#7: 0.948 #8: 0.925 #9: 1.316

analysis

第2次的解析结果。特别是在#1.3.4.5.8.9处改善。但是没有达到#8之外的目标值。

#1: +3.34mm #2: +5.34mm #3: -5.45mm #4: +10.59mm #5: -9.40mm #6: -10.60mm #7: +1.32mm #8: -0.35mm #9: +4.84mm

table A_deviation from target @ support [mm]
#1: + 3.34 NG #2: + 5.34 NG #3: - 5.45 NG
#4: +10.59 NG #5: - 9.40 NG #6: - 10.60 NG
#7: + 1.32 NG #8: - 0.35 **OK** #9: + 4.84 NG
average [absolute value] : 5.69 >> NG

check

▨：比之前的效果好

|iteration 0001| 判定結果： NG

table A_spring length ratio |it. 0002|
#1: 1.104 #2: 0.970 #3: 1.090
#4: 0.831 #5: 0.887 #6: 1.111
#7: 1.019 #8: 0.983 #9: 0.692

table A_spring length ratio |it. 0003|
#1: 1.100 #2: 0.970 #3: 1.090
#4: 0.831 #5: 0.927 #6: 1.111
#7: 1.004 #8: 0.973 #9: 0.777

table A_spring length ratio |it. 0004|
#1: 1.104 #2: 0.970 #3: 1.090
#4: 0.831 #5: 0.887 #6: 1.111
#7: 1.019 #8: 0.973 #9: 0.692

table A_spring length ratio |it. 0005|
#1: 1.100 #2: 0.970 #3: 1.090
#4: 0.831 #5: 0.887 #6: 1.147
#7: 1.023 #8: 0.973 #9: 0.777

table A_spring length ratio |it. 0006|
#1: 1.100 #2: 0.970 #3: 1.102
#4: 0.831 #5: 0.887 #6: 1.111
#7: 1.004 #8: 0.973 #9: 0.777

table A_spring length ratio |it. 0007|
#1: 1.104 #2: 0.970 #3: 1.090
#4: 0.831 #5: 0.887 #6: 1.111
#7: 1.019 #8: 0.973 #9: 0.777

table A_spring length ratio |it. 0008|
#1: 1.100 #2: 0.970 #3: 1.090
#4: 0.831 #5: 0.887 #6: 1.111
#7: 1.001 #8: 0.973 #9: 0.777

table A_spring length ratio |it. 0009|
#1: 1.000 #2: 0.971 #3: 1.090
#4: 0.831 #5: 0.901 #6: 1.111
#7: 1.004 #8: 0.973 #9: 0.777

…… …… ……

table A_spring length ratio |it. N |
#1: 1.099 #2: 0.973 #3: 1.093
#4: 0.827 #5: 0.883 #6: 1.189
#7: 0.987 #8: 0.920 #9: 1.370

iterative adjustment

之后，进行解析确认偏差。自动反复确认模型弹簧板的长度直至达到目标值。

#1: -0.02mm #2: +0.03mm #3: +0.07mm #4: +0.00mm #5: +0.01mm #6: +0.04mm #7: +0.03mm #8: +0.03mm #9: -0.06mm

extract angle information

#1: 86.2 / 201.6
#2: 296.2 / 88.1
#3: 62.4 / 88.3
#4: 261.8 / 86.5
#5: 88.2 / 263.3
#6: 88.6 / 56.9
#7: 87.2 / 310.2
#8: 201.1 / 88.8
#9: 88.8 / 277.6

table A_deviation from target @ support [mm]
#1: - 0.02 **OK** #2: + 0.03 **OK** #3: + 0.07 **OK**
#4: + 0.00 **OK** #5: + 0.01 **OK** #6: + 0.04 **OK**
#7: + 0.00 **OK** #8: + 0.03 **OK** #9: - 0.06 **OK**
average [absolute value] : 0.029 >> **OK**

|iteration N | 判定結果： **OK**

解析表

通过全部支撑点以及全部的绝对平均值，使得误差在目标值之内，这时就从解析模型中测算出的支撑柱角度并记录下来。

施工中的展示台。为了便于巡回展示，柱子、吊杆等均可拆卸。如果拆掉零件，铁板将恢复平整状态**

变形时的形状探索

在整个设计中，面临的一个较大的课题是如何计算出铁板的最佳形变状态，以及用遗传算法在解析模型中算出支撑点的目标高度，还有形变后连接铁板的支撑柱连接角度。在解析模型中，在目标高度处安装发条弹簧，在弹簧处做吊起铁板的模型。但是各个支撑点相互影响，以目标高度为基准，离正确的设定值还有偏差。因此利用遗传算法，使之变形计算偏差值。反复调整弹簧长度，最终实现偏差值在0.5 mm以内且绝对值的平均偏差值在0.1 mm以内。

（木内俊克）

展台侧面。支撑桌面的不仅有柱子还有吊杆，吊杆的设计能让整个展示具有一种漂浮感。配合不同的场馆随时调整吊杆的位置和长度。桌面的形变要靠柱子和吊杆的互相配合取得最优化

展示台桌面的重量——8500 mm的桌面为180kg，5150 mm的桌面为110 kg。像展示画卷一样，这个方案是山中俊治提出的，整个展示就像在纸面上自由地描绘曲线一样*

比哈尔博物馆（项目详见第4页）

●向导图登录新建筑在线
http://bit.ly/sk1807_map

所在地：印度　比哈尔邦　巴特那
主要用途：历史博物馆
所有人：Department of Art，Culture，and Youth（DACY），Government of Bihar，India

设计

建筑：槇综合策划事务所
负责人：槇文彦　福永知义
Michel van Ackere　长谷川龙友
中井久词　平良庆彦　堀越一世
Opolis
负责人：Rahul Gore　Sonal Sancheti
Tejesh Patil　Rahul Lawhare
Swapnil Kangankar
Deepak Vishwakarma
景观：
凤咨询环境设计研究所
负责人：佐佐木叶二　小林政彦
吉武宗平　太田佳穗子
Forethought Design Consultants
负责人：JayantDharap
结构：Mahendra Raj Consultants Private Limited
负责人：Mahendra Raj
Sukbir Singh Mann
结构合作：腰原干雄
设备：Design Bureau
负责人：P.S. Krishnan
M. Krishnakumar
设备合作：森村设计
负责人：村田博道
照明：AWA Lighting Designers
负责人：Abhay Wadhwa
Justin Moench
Environmental Design Solutions
负责人：Tanmay Tathagat
Deepa Parekh
项目・计划・展览计划
Lord Cultural Resources
负责人：Batul Mehta　Eric Leyland
Aparna Khemani
标志设计・画报
Lopez Design
负责人：Anthony Lopez
监管：槇综合策划事务所
负责人：Michel van Ackere
长谷川龙友　中井久词　Kiwon Kim*
（*原职员）
Opolis
负责人：Rahul Gore　Tejesh Patil
Rahul Lawhare　Swapnil Kangankar
Akul Modi
发起人：Building Construction Department（BCD），Government of Bihar，India
负责人：M.S.Yahya　Sachindra Kumar
A.K.Singh

施工

建筑・空调・电气・卫生：Larsen & Toubro Construction
负责人：Ashok Kumar

规模

用地面积：53 480 m²
建筑面积：19 716 m²
使用面积：25 410 m²
1层：18 917 m²/M1层：550 m²
2层：4160 m²/3层：572 m²
4层：572 m²/5层：572 m²
阁楼1层：67 m²
建蔽率：36.9%（容许值：50%）
容积率：47.5%（容许值：250%）
层数：地上5层　阁楼1层

尺寸

最高高度：26450 mm
房檐高度：19050 mm
层高：1层（展览室）：9600 mm /2层（展览室）：8450 mm
顶棚高度：入口楼大厅：5400 mm　常设展览室：6000 mm　计划展览室：7000 mm
主要跨度：7200 mm × 20 000 mm

用地条件

地域地区：Government/ Institutional zoning（政府/公共建筑用地）
道路宽度：西17.4 m　南7.0 m　北21.3 m
停车辆数：普通汽车111辆　大型客车6辆
残障人士用车2辆　摩托车216辆
自行车350辆

结构

主体结构：钢筋混凝土结构
桩・基础：打入(或静压)实心混凝土预制桩

设备

环保技术：GRIHA 5 Star Rating
空调设备
空调方式：定速型/可变速型模块化冷水机组的中央空调与汽化冷却器的个别空调共用
卫生设备
供水：饮用水、井水并用
热水：热泵太阳能热水器
电气设备
设备容量：2000kVA
预备电源：内燃发电机 750kW＋500kVA
防灾设备
防火：自动喷水系统　屋内灭火器　气体灭火
升降机：乘用电梯20人 x 2台　13人 x 2台
货梯 3000 kg x 1台

工期

设计期间：2011年9月—2013年6月
施工期间：2013年6月—2017年9月

工程费用

建筑：221.55 Crores
空调：21.78 Crores
卫生：2.01 Crores
电气：34.66 Crores
展览：116.86 Crores
［1 Crore（印度货币单位）＝10 000 000 卢比］

外部装饰

GSC，MatrisunEngineering Services，JSW Steel
Chamrajnagar、Karnataka Granite、Archemy Stones
Gwalior，Madhyapreadesh Sandstone；BeryllStona
Glaze TechnoIndia，Jindal extrusions，Asahi IndiaGlass
Shakti Hormann

内部装饰

Chamrajnagar，Karnataka Granite
Gwalior，Madhyapreadesh Sandstone
KnaufDanolinegypsum board
NEG Glass Block
clear and Opaline
TectonoGrandisAfrica
GerFlor

利用向导

开馆时间：10:30~17:00
闭馆时间：星期一
入馆费用　Group Children：25卢比
Children：50卢比
Adults：100卢比
Non-Indian Children：250卢比
Non-Indian Adults：500卢比
［1卢比（印度法定货币）≈ 0.095人民币］
电话：＋91.0612.223-5732

槇文彦（MAKI・FUMIHIKO）

1928年出生于东京都/1952年毕业于东京大学工学部建筑学专业/1953年获得克伦布鲁克美术学院硕士学位/1954年获得哈佛大学硕士学位/曾担任华盛顿大学和哈佛大学副教授/1965年成立槇综合策划事务所/1979年—1989年担任东京大学工学部教授

Michel van Ackere

1963年出生于美国纽约/1986年毕业于布朗大学/1994年获得哈佛大学建筑学硕士学位/1994年—1995年担任京都大学工学部建筑学科布野研究室研究员/1995年—1997年就职于长谷川逸子建筑计划工房/1997年至今就职于槇综合策划事务所/现为事务所主任所员

长谷川龙友（HASEGAWA・TATUTOMO）

1970年出生于东京都/ 1993年毕业于东京大学工学部建筑学专业/1995年获得东京大学硕士学位/1995年至今就职于槇综合策划事务所/现为事务所主任所员

图片提供：Ariel Huber

常设展览室。该地区是佛教发源地，展览有从当地发掘的文物和雕刻作品

刀剑博物馆（项目详见第18页）

●向导图登录新建筑在线：
http://bit.ly/sk1807_map

所在地：东京都墨田区横纲1-12-9
主要用途：博物馆
所有人：公益财团法人　日本美术刀剑保护协会

设计

建筑：槙综合策划事务所
负责人：槙文彦　若月幸敏　伊藤圭　中井久词　Michel van Acker　今泉润*（*原职员）
结构：梅泽建筑结构研究所
负责人：梅泽良三　梅泽恒介
设备：森村设计
负责人：村田博道　林达也　川口智之　水谷贵俊
照明合作：饭塚千惠里照明事务所
负责人：饭塚千惠里
指示牌：矢萩喜从郎建筑计划
负责人：矢萩喜从郎

监管

建筑：槙综合策划事务所
负责人：槙文彦　若月幸敏　伊藤圭　中井久词
结构：梅泽建筑结构研究所
负责人：梅泽良三　梅泽恒介
设备：森村设计
负责人：村田博道　川口智之　水谷贵俊

施工

建筑：户田建设
负责人：佐久间信次　稻叶基
设备负责人：田中俊浩　坂口桢治　松浦健太　古上祐弥
DAI-DAN　负责人：石上弘隆
新菱冷热工业　负责人：木村崇宏
中央理化工业　负责人：北井达矢
展示柜：KOKUYO
负责人：山内佳弘　饭沼朋也
家具、备品：东武百货店
负责人：小林仁
收藏库家具：KUMAHIRA
负责人：尾崎祐介
指示牌：双立
负责人：渡边光
窗帘・卷式窗帘：SANGGETSU
负责人：山口一平

规模

用地面积：2157.89 m^2
建筑面积：1076.92 m^2
使用面积：2619.93 m^2
1层：986.66 m^2/2层：1008.98 m^2/3层：624.29 m^2
建蔽率：49.91%（容许值60%）
容积率：118.53%（容许值200%）
层数：地上3层

尺寸

最高高度：15 690 mm
房檐高度：15 620 mm
层高：1层：4800 mm/2层：4200 mm/3层：6560 mm
顶棚高度：1层大厅・咖啡厅・信息角：3300 mm/3层展示室：5750 mm

用地条件

地域地区：第1种居住地区　防火地区　城市计划公园　最低限高地区（7 m）
道路宽度：西北12.3 m　东北11.0 m
停车辆数：4辆（客人使用：2辆　场馆使用：2辆）

结构

主体结构：钢筋混凝土结构　一部分为钢架结构
桩・基础：原PHC桩　SC桩

设备

空调设备
空调方式：入口・礼堂・展示室・收藏库：单一送风管空调（收藏库2层墙壁内通过其他系统使用空调）
办公室：外调机+通风盘管装置
咖啡厅：空冷热泵机组
热源：电气
换气设备：外气处理机组　全热交换器

卫生设备
供水：直接增压方式
热水：局部热水供给方式
排水：屋外污水・杂排水合流
屋外污水・雨水合流
雨水流出控制槽　雨水储存槽（一部分雨水利用）

电气设备
供电方式：高压6.6kV送点（架空输电线路引入线）　室外箱型送变电设备
设备容量：670kVA
预备电源：紧急使用柴油发电机　室外箱型100kVA（运转2小时）

防灾设备
防火：灭火器　室内灭火栓设备
收藏库・展示室：惰性燃气灭火设备
排烟：机械排烟（入口大厅　礼堂　办公室等）

升降机
客梯：限乘20人×1台
人货共用电梯：限乘26人×1台

工期

设计期间：2014年11月—2016年6月
施工期间：2016年7月—2017年10月

外部装饰

房檐：DAIMUWAKAI Dyflex
外墙：EMD　菊川工业
开孔部分：YKK AP
房檐：前田工织
外部结构：Kyowa Concrete　日本兴业

内部装饰

大厅・入口・楼梯
地板：高尾石材　东京工营
墙壁：FUKKO　菊川工业
天花板：FLOS　川岛织物
信息角
墙壁：SINCOL
博物馆商店
商品架子：COAD
礼堂
地板：TAJIMA
墙壁：COAD
收藏库
地板：LONSEAL工业
墙壁：KUMAHIRA
天花板：大建工业
收藏架子：KUMAHIRA
展示室
地板：东京工营
墙壁：KOKUYO
天花板：大建工业
展示柜：KOKUYO
射灯：松下

利用向导

开馆时间：9:30~17:00（16:30前入馆）
闭馆时间：星期一（节日周二闭馆）、展示物品更换期间、年末年初
入馆费：成人1000日元　学生500日元
中学生以下免费
电话：03-6284-1000

槙文彦（MAKI・FUMIHIKO）
●个人简介详见左侧

若月幸敏（WAKATUKI・YUKITOSHI）
1947年出生于东京都/1971年毕业于东京大学工学院建筑系/1973年获得东京大学研究生硕士学位后，就职于槙综合策划事务所/现任事务所副所长

伊藤圭（ITO・KEI）
1973年出生于秋田县/1995年毕业于东北大学工学院建筑系/1998年获得东北大学研究生院硕士学位后，就职于槙综合策划事务所/现任事务所主任所员

屋顶庭园

博物馆商店

两张图片提供：日本新建筑社摄影部

川口市环抱之森　赤山历史自然公园　历史自然资料馆・地域物产馆 （项目详见第28页）

●向导图登录新建筑在线：
http://bit.ly/sk1807_map

所在地：埼玉县川口市赤山 501-1
所有人：川口市

■川口市环抱之森
主要用途：火葬场
设计
建筑：伊东丰雄建筑设计事务所
负责人：伊东丰雄　东建男　古林丰彦
藤江航　冈野道子*　高池叶子*
林盛　山田明子　青柳有依　杉山由香
（*原职员）
结构：佐佐木睦朗结构：计划研究所
负责人：佐佐木睦朗　木村俊明*
平岩良之*　永井佑季　今泽和贵
设备：综合设备计划
负责人：佐藤勋　冈正浩　工藤明
远藤二夫
景观设计：
负责人：中央大学教授　石川干子
日根公园绿地协会：吉泽和久
照明设计：LIGHTDESIGN INC.
负责人：东海林弘靖　大好真人
家具设计：藤江和子工作室
负责人：藤江和子　野崎MIDORI
设计计划：广村设计事务所
负责人：广村正彰　关根早弥香
避难计划：安宅防灾设计
负责人：铃木贵良
音响顾问：永田音响设计
负责人：福地智子
估算：东和Prosperrity
负责人：镝木璋晃
幕墙设计：安东阳子设计
负责人：安东阳子
施工
建筑：东亚・埼和特定建设工程企业联合体
负责人：有泉弘树　加茂幸治　小岛大辅　佐藤伸人　石桥知宏　渡边优志
松田和也
空调设备：YAMATO　负责人：田崎英美
卫生设备：APEC Engineer Link
负责人：中村隆
电气设备：高山电设工业　负责人：河野佳广
火葬炉设备：富士建设工业
负责人：藤井誉起
外部结构：埼和兴产　负责人：铃木义太郎
外部结构：岛田建设工业　负责人：岛田博
规模
用地面积：19 800.32 m^2
建筑面积：5589.87 m^2
使用面积：7885.97 m^2
各层面积：（火葬设施主楼）
地下1 层：2352.19 m^2
1 层：4638.51 m^2/2层：77122 m^2
建蔽率：28.23%（容许值：50%）
容积率：33.91%（容许值：100%）
层数：地上2层　地下1层
尺寸
最高高度：13 486 mm
房檐高度：12 986 mm
层高：地下1层：5200 mm
1层：5000 mm/2层：7500 mm
用地条件
地域地区：市区调整区域
道路宽度：东6.00 m　南15.21 m
停车辆数：地上：普通车 75 辆　灵柩车6 辆
地下：小型公交车11 辆
结构
主体结构：钢筋混凝土　一部分为钢结构
桩・基础：桩基础（PHC 桩 ϕ =500 mm ~ 800 mm 、102 根 + 4根（附属楼），桩 ϕ =1300 mm ~ 2100 mm，10根）
设备
环保技术
地中取暖设备　太阳能发电设备　5kVA
空调设备
空调方式：AHU　FCU　热泵AC　地热
热源：燃气　电气
热源方式：冷冻机（直焚吸收式）
制冷设备：水冷　热泵
卫生设备
供水：上水：直接加压供水方式　杂用水：储水箱 + 加压供水方式
热水：局所方式（电气）
排水：污水・杂排水合流式　雨水分流式
电气设备
供电方式：高压供电 3 ϕ 3 w 6600 V
室内隔离配电盘（地下 1 层电气室）
设备容量：1936 kVA
额定电力：630 kVA
预备电源：燃气驱动发动机 750kVA
电压：3 ϕ 3 w 6600 V
防灾设备
防火：泡沫灭火设备（地下停车场）　室内灭火栓设备　联动喷水设备　灭火器
排烟：根据层避难安全验证法免除设置
其他：水幕设备　作为特定防火设备的替代，用水喷雾区划形成
电梯：载客用电梯13 人（45 m/min）× 1 台（电动）
载客用电梯11 人（45 m/min）× 1 台（电动）
载货用电梯4000 kg（30 m/min）× 1 台（油压）
特殊设备
火葬炉设备：火葬炉 10座（将来对应4 座）
1 座1 系列　空气稀释冷却方式 + 过滤器 + 触媒装置
燃料：都市燃气（紧急时刻压缩液化燃气瓶）
工期
设计期间：2011 年 7 月—2014 年 3 月
施工期间：2015 年 12 月— 2018 年 12 月
工程费用
建筑：3137000000日元（税费另算，以下相同）
空调设备：408 000 000日元
卫生设备：221 900 000日元
电气设备：495 000 000日元
火葬炉设备：431 500 000日元
外观1：168 600 000日元
外观2：163 000 000日元
总工费：5 025 000 000日元
利用向导
开馆时间：8:45 ~ 17:00
闭馆时间：1月1 ~ 3日
电话：048-242-5414

■赤山历史自然公园　历史自然资料馆
主要用途：展示场・事务所
设计
建筑：伊东丰雄建筑设计事务所
负责人：伊东丰雄　东建男　古林丰彦
藤江航　冈野道子*　高池叶子*
林盛　山田明子　青柳有依　杉山由香
（*原职员）
结构：佐佐木睦朗结构计划研究所
负责人：佐佐木睦朗　木村俊明*
平岩良之*　永井佑季　今泽和贵
设备：综合设备计划
负责人：佐藤勋　冈正浩　工藤明
远藤二夫
景观设计
负责人：中央大学教授　石川干子
日根公园绿地协会　吉泽和久
照明设计：LIGHTDESIGN
负责人：东海林弘靖　大好真人
设计计划：广村设计事务所
负责人：广村正彰　关根早弥香
估算：东和Prosperrity
负责人：镝木璋晃
施工
建筑：埼和兴产
负责人：小口刚　喜濑珠惠
机械设备：TOMITA设备工业
负责人：宫根澈
电气设备：RYUDEN
负责人：小岛升
展示：丹青社　负责人：原田雄弘
规模
用地面积：62 147.07 m^2
建筑面积：582.57 m^2
使用面积：483.09 m^2
建蔽率：0.937%（容许值：50%）
容积率：0.777%（容许值：100%）
层数：地上 1 层
尺寸
最高高度：6560 mm
房檐高度：3675 mm
用地条件
地域地区：市区调整区域
道路宽度：东 6.00 m　西 6.00 m　南 15.21 m　北 6.00 m
结构
主体结构：钢筋结构
桩・基础：桩基础
设备
空调设备
空调方式：热泵 AC（空冷）
热源：电气
卫生设备
供水：自来水管直接供水方式
热水：局所方式（电气）
排水：污水・杂排水合流式　雨水分流式
电气设备
供电方式：高压供电3 ϕ 3 w 6600 V
屋外隔离配电盘
防灾设备
防火：灭火器设备
排烟：排烟口
工期
设计期间：2011年7月—2014年3月
施工期间：2016年9月—2018年2月
工程费用
建筑工程：182 900 000日元（税费另算，以下相同）
机械设备：29 700 000日元
电气设备：19 160 000日元
展示工程：175 900 000日元
总工费：407 660 000日元
主要使用器械
映像设备（炼瓦之家）：索尼Crystal LED 展示系统 约 200 英寸
影音设备（炼瓦之家）：Dolby Atoms，对应DTS的5.1ch 环绕系统
利用向导
开馆时间：9:30 ~ 16:30
闭馆时间：周一（周一为节日时，次日休馆）
年末年初（12月29日—1月3日）
入馆费：免费
电话：048-283-3552
（川口市立文化财产中心分馆乡土资料馆）

■赤山历史自然公园　地域物产馆
主要用途：商铺・饮食・其他
设计
建筑：伊东丰雄建筑设计事务所
负责人：伊东丰雄　东建男　古林丰彦
藤江航　冈野道子*　高池叶子*
林盛　山田明子　青柳有依　杉山由香
（*原职员）
结构：佐佐木睦朗结构计划研究所
负责人：佐佐木睦朗　木村俊明*
平岩良之*　永井佑季　今泽和贵
设备：综合设备计划
负责人：佐藤勋　冈正浩　工藤明
远藤二夫
景观设计
负责人：中央大学教授　石川干子
日根公园绿地协会　吉泽和久
照明设计：LIGHTDESIGN INC.
负责人：东海林弘靖　大好真人
设计计划：广村设计事务所
负责人：广村正彰　关根早弥香
估算：东和Prosperrity
负责人：镝木璋晃
施工
建筑：埼和兴产
负责人：平石诚　川濑柾
机械设备：梅泽水道
负责人：梅泽和夫
电气设备：割田电设工事
负责人：割田敬规
规模
用地面积：62 147.07 m^2
建筑面积：547.07 m^2
使用面积：406.90 m^2
建蔽率：0.880%（容许值：50%）

容积率：0.655%（容许值：100%）
层数：地上1层

尺寸

最高高度：4100 mm
房檐高度：3700 mm

用地条件

地域地区：市区调整区域
道路宽度：东6.00 m　西6.00 m　南15.21 m　北6.00 m

结构

主体结构：混合结构（钢结构钢筋混凝土、钢筋混凝土、一部分为钢结构）
桩・基础：天然地基

设备

空调设备

空调方式：PAC（水冷）热泵 AC（空冷）
热源：电气

卫生设备

供水：自来水管直接供水方式
热水：局所方式（电气）
排水：污水・杂排水合流式　雨水分流式

电气设备

供电方式：高压供电3 ϕ 3w 6600V　室外隔离配电盘

防灾设备

防火：灭火器设备
排烟：自然排烟

工期

设计期间：2011年7月—2014年3月
施工期间：2016年11月—2018年3月

工程费用

建筑：183 800 000 日元（税费另算，以下相同）
机械设备：27 100 000 日元
电气设备：22 980 000 日元
总工费：233 880 000 日元

利用向导

开馆时间：9:00–17:00（赤山历史自然公园内）
闭馆时间：不定休
电话：川口市经济部产业振兴课　048-258-1110（代表）

伊东丰雄（ITO・TOYOO）

1941 年出生于京城市（现首尔）/ 1965 年毕业于东京大学工学部建筑学科/1965年—1969年就职于菊竹清训建筑设计事务所/1971年成立URBOT/1979 年更名为伊东丰雄建筑设计事务所/现为 AIA 名誉会员，RIBA名誉会员，熊本艺术城邦计画委员

信浓每日新闻松本总部 信每MEDIA GARDEN （项目详见第42页）

●向导图登录新建筑在线
http://bit.ly/sk1807_map

所在地： 长野县松本市中央2-20-2
主要用途： 事务所　店铺
所有者： 信浓每日新闻

设计

建筑：伊东丰雄建筑设计事务所
负责人：伊东丰雄　东建男　古林丰彦　矢吹光代　大贺淳史*　矶田和明*　近藤奈奈子*　井上裕之（*原职员）
结构：佐佐木睦朗构造计划研究所
负责人：佐佐木睦朗　木村俊明*　永井佑季
设备：ES ASSOCIATES
负责人：佐藤英治　边见久活*　柳濑美加
大泷设备事务所
负责人：大泷牧世　丰岛昭治郎
家居设计：藤森泰司工作室
负责人：藤森泰司　石桥亚纪
景区设计：GA YAMAZAKI
负责人：山崎诚子（日本大学）　针谷未花　伊藤由华*
标志设计：10inc.
负责人：柿木原政广　山口崇多　西川友美
音响设备：永田音响设计
负责人：福地智子　稻生真
纺织图案设计：安东阳子设计
负责人：安东阳子　山口霞（KASUMI）

施工

建筑：北野建设
负责人：下手丰　松下和裕　水谷文彦　樋口尚浩　池上英昭　冈本弘毅　山川范美　山元诚吾　木下泰孝　山崎健太
松本土建　负责人：伊藤寿
HASHIBATECHNOS
负责人：三轮瑛彦
设备：北野建设　负责人：中幡久义　桥本勇
空调・卫生：高砂热学工业
负责人：藤井建吾　秋元秀一　上田拓实　庄司见伦久　菊池卓郎　牧靖晃　久根下兼浩
电气：TOENEC
负责人：会泽达也　远藤健　宫坂瑛
屋外：北野建设
负责人：清水正刚　田村政智　牛山纯一

规模

用地面积：3930.50 m^2
建筑面积：1556.04 m^2
使用面积：8143.43 m^2
地下1层：2157.24 m^2
1层：1421.04 m^2/2层：1402.73 m^2
3层：1045.64 m^2/4层：1032.76 m^2
5层：1034.88 m^2/屋顶：49.14 m^2
建蔽率：39.59%（容许值：80%）
容积率：161.32%（容许值：500%）
层数：地下1层　地上5层

尺寸

最高高度：24 980 mm
房檐高度：24 330 mm
层高：地下1层：4350 mm
1层：6500 mm/2层：4500 mm
3层：4500 mm/4层：4500 mm
5层：4300 mm
顶棚高度：1层：5200 mm（木质百叶窗下）
2层共用道路：2750 mm　3000 mm
3层共用道路・工作室・厨房：3000 mm
4、5层办公室・道路・会议室：3000 mm
主要跨度：15 600 mm × 15 600 mm

用地条件

地域地区：商业地区　防火地区　松本市景观规划地区
道路宽度：东6.75 m　西19.0 m
停车辆数：地上18辆　地下47辆（公司用车）

结构

主体结构：地上：钢筋结构　CFT结构
地下：钢筋混凝土结构　钢筋铁架混凝土结构　柱顶抗震结构
桩・基础：打预制混凝土桩

设备

环保技术

地板辐射冷暖系统　利用地下水・河川水的热源　采用LED照明
照明强度・人体感应控制　太阳光发电板
Low-E多层玻璃
CASBEE（LEED）PAL等数值
CASBEE 2.3（A等）

空调设备

热源：河川水　地下水
热源：水热源式加热冷却循环泵　风机盘管式空调系统
空调：AHU FCU　加热泵AC　地板辐射冷暖系统

卫生设备

供水：饮用水・杂用水加压供水系统
热水：天然气供热系统
排水：污水・杂用水分流排水系统（屋内）
雨水・污水分流排水系统（屋外）

电气设备

供电方式：高压受电　3 ϕ 3w 6600V 60Hz
主线、备用线双重线受电
屋内变电所（5层电气室）
额定容量（450 kW）　变压器总容量（1650 kVA）
额定电力：450kVA
预备电源：柴油发电机静音箱3 ϕ 3W 220V 500kVA（R层）

防灾设备

防火：自动喷水装置　屋内消防栓　泡沫灭火设备　灭火器
排烟：机械排烟
其他：自动火灾通报设备　紧急播放设备

升降机： 乘用电梯 限载11人（90 m/min）× 2台（电动）
人用货梯　限载1500 kg（60 m/min）× 1台（电动）
扶梯（30 m/min　倾斜度30度）× 4台

特殊设备： 融雪设备　太阳光发电设备

工期

设计期间：2015年1月—2016年11月
施工期间：2016年12月—2018年4月
（地基工程：2016年9月—11月）

外部装饰

屋顶：Dyflex
外装：AGB　NOZAWA
开口部：YKKAP　越井木材工业
外部结构：太平洋Cybernavi工业

内部装饰

1层：SEAGATE
4、5层办公室：SEAGATE

主要使用器械

电动指挥棒・电动屏幕：sanken・engineering
舞台音响：YAMAHA
舞台照明：丸茂电机
办公室特别照明：松下
可移动隔板：小松wall
帘幕滑轨・滑轨屏幕：Silent Gliss
图画滑轨・大厅特别展示板：TAKIYA

伊东丰雄（ITO・TOYOO）
（个人简介详见上）

新宿公园塔休息室（项目详见第50页）

●向导图登录新建筑在线：
http://bit.ly/sk1807_map

所在地：东京都新宿区西新宿3-7-1
主要用途：大厦工作人员专用共享空间
委托方：东京燃气城市开发

设计

建筑：LIVING DESIGN CENTER OZONE
负责人：熊谷多生
中川ERIKA建筑设计事务所
负责人：中川ERIKA　田子基琳　齐藤韵
结构：小西泰寿建筑结构设计
负责人：小西泰寿　佐藤隼平
监管：东京燃气城市开发
总负责人：井上一朗
副总负责人：岛崎一磨
建筑负责人：远藤诗子
空调、卫生负责人：村山智一　服部一平
电力负责人：中岛淳
监管合作单位：LIVING DESIGN CENTER OZONE
负责人：熊谷多生
中川ERIKA建筑设计事务所
负责人：中川ERIKA　田子基琳
方案合作单位：八板建筑设计事务所
负责人：八板千惠
中川ERIKA建筑设计事务所
负责人：藤奏一郎*（*原职员）

施工

建筑：TOA BUILTEC CO., LTD
负责人：冈野大介 高木茂宏
空调、卫生：新菱冷热工业
负责人：柿沼克隆
电力：关电工 负责人：近藤智之
多摩川电力 负责人：坪田行史
家具：E&Y 负责人：秋本裕史

规模

改造面积：531.69 m^2

尺寸

顶棚高度：2800 mm~3787 mm

工期

设计期间：2017年7月—12月
施工期间：2018年1月—3月

内部装饰

休息区
地板：IOC
墙壁：AICA工事　IDEAPLUS　名古屋MOSAIC
TOA CORK CO., LTD
天花板：International Paint
研讨会区
地板：IOC
墙壁：AICA工事 3MJapan
天花板：International Paint
特殊样式：E&Y SINCOL CRES OKAMURA
内田洋行 Sangetsu Corporation

主要使用器械

洗脸池：自动出水（TOTO）

熊谷多生（KUMAGAI・TAO）

1972年出生于新潟县/1996年毕业于千叶工业大学土木工程系/2000年毕业于东京理科大学工学部二部建筑系/2001年—2010就职于设计事务所/2010年就职于LIVING DESIGN CENTER OZONE/现任TOKYO GAS COMMUNICATIONS 公司经理

中川ERIKA（NAKAGAWA・ERIKA）

1983年出生于东京都/2005年毕业于横滨国立大学建筑学系/2007年获得东京艺术大学研究生院美术研究系建筑设计专业硕士学位/2007年—2014就职于Ondesign/2014年至今就职于中川ERIKA 建筑设计事务所/2014年—2016年担任横滨国立大学研究生院（Y-GSA）设计助理/现任东京艺术大学、法政大学、芝浦工业大学外聘讲师

LIFORK（项目详见第58页）

●向导图登录新建筑在线：
http：//bit.ly/sk1807_map

■LIFORK AKIHABARA
所在地：东京都千代田区外神田 4-14-1秋叶原UDX4 楼
主要用途：共享办公室、有偿租赁会议室
所有人：NTT都市开发

设计

企画・监修负责人：NTT 都市开发
负责人：今中启太　远藤卓哉
建筑负责人：SINATO
负责人：大野力　金井亮 KOKUYO
负责人：小山彻也　花田阳一
绿化计划负责人：竹中庭园绿化/URBAN GREEN LAB
照明计划负责人：FDS
负责人：北田惠士
设备负责人：NTT 都市开发大楼服务
电气负责人：斋藤淳
设备负责人：宫下登

施工

建筑负责人：NTT都市开发大楼服务　KOKUYO
竹中庭园绿化
空调・卫生・电气：NTT都市开发大楼服务

规模

对象面积：660 m^2（LIFORK AKIHABARA）
180 m^2（WAINA kids 秋叶原）
用地面积：11 547 m^2
建筑面积：8531.34 m^2
使用面积：161 482.72 m^2
4 层：4648.49 m^2（对象区域600 m^2）
标准层：5963.10 m^2（7~14 层）
6037.83 m^2（18 ~ 22 层）
建蔽率：73.88%（容许值：100%）
容积率：1119.27%（容许值：1147.10%（基准800%＋业务商业养成型综合设计制度附加347.10 %））
层数（秋叶原 UDX）：地下3 层　地上 22 层　阁楼1 层

尺寸

最高高度：107 000 mm
房檐高度：99 720 mm
层高：6350 mm
顶棚高度：共享办公室：4000 mm~6140 mm
有偿租赁办公室：3000 mm~6140 mm
主要跨度：南北方向：18 000 mm・3600 mm
东西方向：16 200 mm・10 800 mm

用地条件

地域地区：防火地区　商业地区　秋叶原车站土地区划整理地区　秋叶原车站附近地区地区计划　都市计划停车场地区　停车场整备地区
道路宽度：东18 m　西 12 m　南 43.077 m 、20 m
停车辆数：808 辆

结构

主体结构：地下部：钢筋骨架混凝土结构・钢筋混凝土结构
地上部：钢筋骨架（部分 CFT 结构）
桩・基础：天然地基＋桩基础（桩筏基础）

设备

空调设备
空调方式：单一导管变风量　外调机＋AHU 或者FCU方式　空冷heat pump package方式
热源：混合循环发电系统（排热排瓦斯投入冷温水器）＋水蓄热（brine turbo冷冻机）＋燃气冷温水供应器
卫生设备
供水：自流供水系统＋水泵供水系统
热水：局所方式（储存热水式电力温水器・燃气多方向热水供给器）
排水：污水・杂水・厨房排水・雨水・空调排水分流式
电气设备
供电方式：22kV×3 线路net work供电方式
设备容量：6000kVA×3
额定电力：7200kW
预备电源：燃气驱动 1500kVA×1 台
防灾设备
防火：自动火灾报警设备　防排烟设备　瓦斯泄露报警设备　紧急广播设备　紧急电话设备　紧急连接设备　无线通信辅助设备　避雷设备　紧急救助灯光设备、闭锁型自动喷水灭火设备（预作用・湿式自动喷水系统）　开式自动喷水系统设备　屋内消火栓设备　闭锁型喷雾灭火设备　非活性瓦斯灭火设备　连接送水管　消防用水
排烟：机械排烟（两种排烟：附属房间　兼用大堂微排烟：标准层办公室　加压防排烟：地下停车场）
特殊设备：IP-BAS（IPv6对应）　非接触多联式读卡器　night purge　中水设备　水池循环系统　停车场管理设备

工期

MEC PARK（项目详见第66页）

●向导图登录新建筑在线：
http://bit.ly/sk1807_map

所在地：东京都千代田区大手町1-1-1
主要用途：办公室
所有人：三菱地所设施管理室
负责人：竹本晋

设计

建筑：MEC DESIGN INTERNATIONAL
负责人：加藤康伸　桥诘俊辅　须藤晶子
三菱地所设计
负责人：森山泰一（电气设备）
中川贵文（空调・卫生）
Sign Art
MEC DESIGN INTERNATIONAL
负责人：福田宏
监理：三菱地所设计
负责人：西村由纪夫　安部泰司

施工

建筑：竹中工务店
负责人：内村胜志
MEC DESIGN INTERNATIONAL
负责人：山本健
空调：新菱冷热
卫生：斋久工业
电力：东光电气工事

规模

建筑面积：11 900 m^2（入住部分）
标准层：3390 m^2
层数：3层~6层

尺寸

顶棚高度：办公室标准层：事务室：2850 mm

工期

设计期间：2017年2—8月
施工期间：2017年9—12月

内部装饰

综合受理窗口
地板：矢桥大理石 NISSIN EX　VORWERK
墙壁：NISSIN EX　MIDAS METAL CHANNEL ORIGINAL
会议室
地板：VORWERK
墙壁：FIGRA
顶棚：山月
咖啡厅（SPARKLE）
地板：川岛织物Selkon　平田瓷砖
墙壁：原田左官工业所　平田瓷砖
顶棚：RIKEN
休息厅・图书室
地板：川岛织物Selkon　VOXFLOR
墙壁：山月
会议室
地板：VOXFLOR
研修室
地板：VOXFLOR
厨房・清洗室

设计期间：2017年5—12月
施工期间：2017年9月—2018年2月
利用向导
开馆时间：9：00~22：00
闭馆时间：全年无休
电话：03-3526-2801（运营事务局）
网址：https：//akihabara.lifork.jp/

■LIFORK OTEMACHI
所在地：东京都千代田区大手町1-5-1 大手町First Square WEST1・2层
主要用途：小规模办公室 共享办公室 停车场 活动室
所有人：NTT都市开发
设计
企画・监修负责人：NTT都市开发
负责人：井上学 吉川圭司 石川有祐美
建筑负责人：KOKUYO
负责人：江崎舞 小林智行
TRANSIT GENERAL OFFICE（Design Direction）
负责人：枥泽克次
设备负责人：KOKUYO
负责人：八重樫信幸
监理负责人：KOKUYO
负责人：江崎舞
施工
建筑：KOKUYO
空调・卫生・电气：NTT都市开发大楼服务
规模
对象面积：
1层：415 m²（LIFORK OTEMACHI）
2层：295 m²（LIFORK OTEMACHI）
99 m²（WAINA kids 大手町）
用地面积：11 042.50 m²
建筑面积：6176.12 m²
使用面积：146 584.31 m²
建蔽率：55.93%（容许值：100%）
容积率：1196.89%（容许值：1320.82%）
层数：（First Square）地下5层 地上23层 阁楼2层
尺寸
最高高度：105 700 mm
房檐高度：97 100 mm
层高：标准层：4050 mm
顶棚高度：小型办公室：5800 mm
共享办公室：2700 mm
主要跨度：19 200 mm × 6400 mm

用地条件
地域地区：商业地区 防火地区 美化地区
道路宽度：西 36 m 南 36 m 北 8 m
停车辆数：394 辆
结构
主体结构：地上层：钢筋结构 地下层：钢筋骨架混凝土结构・钢筋混凝土结构
桩・基础：箱型基础形成的天然地基
设备
空调设备
空调方式：外调机＋分散设置方式
perimeter：perimeterless＋暖风机系统
卫生设备
供水：低层（地下5层~1层）：水泵直送方式
高层：减压阀方式
热水：杂用：集中供水方式 饮用：局部式（电气）排水：低层（地下5层~1层）：水泵放流
高层：直流方式 合流式
电力设备
供电方式：3φ3w 66kV 循环电力
设备容量：66kV 受电设备 1600kVA×2台（燃气变压器）
额定电力：2500kW
预备电源：紧急发电机2000kVA
防灾设备
防火：自动喷水系统 屋内消火栓（小间设施水泵） 连接送付管 泡沫消火栓哈龙灭火器
排烟：表准层：加压防排烟系统
特殊设备：地域冷暖房plant sub
工期
设计期间：2017 年5—11月
施工期间：2017 年11月—2018年3月
利用向导
开馆时间：7：30~21：00
（共享办公室・停车场全年无休）
闭馆时间：周六・周日・节假日
（共享办公室・停车场全年无休）
电话：03-6256-0951
网址：https：//lifork.jp/otemachi/

今中启太（IMANAKA・KEITA）

1966年出生于大阪府/1990年横浜国立大学工学部建设学科建筑专业毕业后，就职于日本电信电话/1994年就职于NTT 建筑综合研究所/1996年NTT facility/2007年就职于NTT 都市开发/现就职于都市建筑设计部、经营企划部，兼任LIFORK负责人

吉川圭司（YOSHIKAWA・KEISHI）

1989年出生于大阪府/2011年毕业于法政大学设计工学部建筑学科/2013 年修完该大学研究生院设计工学研究科建筑学专业硕士课程/2013年就职于NTT都市开发/现就职于都市建筑设计部、经营企画部，兼任LIFORK负责人

大野力（OONO・CHIKARA）

1976年出生于大阪府/1995年毕业于金泽大学工学部土木建设工学科/2004年成立SINATO/2011年京都造型艺术大学特聘讲师/2015年日本工业大学特聘讲师/ 2016年昭和女子大学特聘讲师

小山彻也（KOYAMA・TETUYA）

1972年出生于爱知县/1997年枫桥技术科学大学建设工学专业毕业后，就职于KOKUYO/现任KOKUYO SPACE SOLUTION本部SPACE SOLUTION 第1部设计1 组组长

枥泽克次（TOCHIZAWA・KATUJI）

1981年出生于富山县/2004年毕业于神奈川大学工学部建筑学科/2006年修完神奈川大学研究生院工学府硕士课程/2007年—2013年就职于AIM CERATE/2013 年至今就职于 Transit General Office

地板：TAJIMA
西侧楼梯
地板：细田木材工业 平田瓷砖
东侧楼梯
地板：细田木材工业 平田瓷砖
墙壁：ADVAN DIRECT
办公区域
地板：Interface Corporation 川岛织物 Selkon/TOLI
墙壁：3M Company

加藤康伸（KATO・YASUNOBU）
1976年出生于东京都/2003年毕业于University of Nevada, Las Vegas Bachelor of Science in Interior Architecture and Design/2003年—2004年就职于Avery Brooks & Associates（现 TODD-AVERY LENAHAN TAL Studio）室内装饰设计事务所/2005年起就职于MEC DESIGN INTERNATIONAL

桥诘俊辅（HASHIDUME・SYUNSUKE）
1982年出生于岐阜县/2000年就读于The Art Institute of Portland/2004年编入New York School of Interior Design/2008年该校毕业/2008年-2012年担任HLW International LLP NY总公司Interior Architecture Dev.岗位/2013年起就职于MEC DESIGN INTERNATIONAL

须藤晶子（SUDO・AKIKO）

1981年出生于东京都/2004年毕业于日本大学艺术系/2006年多摩美术大学研究生院美术研究科毕业/同年入职UNICORN-D室内装饰设计事务所/2011进入MIZUSU工作/2016年起就职于MEC DESIGN INTERNATIONAL

竹本晋（TAKEMOTO・SUSUMU）

1971年出生于神奈川县/1994年毕业于一桥大学法学系/1994年起就职于三菱地所

SUPPOSE DESIGN OFFICE 东京事务所 公司食堂（项目详见第74页）

●向导图登录新建筑在线：
http://bit.ly/sk1807_map

所在地：东京都涩谷区大山町18-23地下1层
主要用途：事务所&咖啡厅
所有人：SUPPOSE DESIGN OFFICE

设计

建筑：SUPPOSE DESIGN OFFICE
负责人：谷尻诚　吉田爱　滨谷明博　五十岚克哉
设备：岛津设计
负责人：岛津充宏

施工

建筑：贺茂手工艺　负责人：村田进
石丸　负责人：芦泽主水
SETUP　负责人：丰冈博志
空调：KANKU　负责人：藤森健二
青木住宅机器贩卖　负责人：青木宪明
卫生：翔亚　负责人：田底秋人
电力：内山电机　负责人：内山聪明
照明：Modulex　负责人：长尾怀里
远藤照明　负责人：片冈真纪
选书：BACH　负责人：幅允孝
音响：小松音响　负责人：小松进

规模

地下1层：211 m^2（入住部分）
层数：地下2层　地上5层
（该部分为地下1层）

尺寸

最高高度：16 600 mm
房檐高度：13 670 mm
层高：2880 mm~2980 mm
顶棚高度：2700 mm~5500 mm

用地条件

地域地区：第2种中高层地域
道路宽度：南11.7 m

结构

主体结构：钢架钢筋混凝土结构

设备

空调设备
空调方式：天花板放射除湿冷暖气系统
热源：电力
卫生设备
热水：电热水器
排水：合流方式
电力设备
供电方式：低压方式

工期

设计期间：2016年10—12月
施工期间：2016年11月—2017年3月

内部装饰

咖啡厅&办公室
墙壁：TIMBER CREW
厕所・洗手台
地板・墙壁：Maristo
仓库
地板：Maristo

主要使用器械

坐便器：DURAVIT
水栓：三荣水栓

利用向导

营业时间：11:00~21:00
休息时间：星期日・节假日
电话：03-5738-8480
邮箱：shashokudo@suppose.jp

图片提供：日本新建筑社摄影部
办公室视角

谷尻诚（TANIJIRI・MAKOTO）

1974年出生于广岛县/1994毕业于年穴吹设计专科学校/1994年—1999年就职于本兼建筑设计事务所/1999年—2000年就职于HAL建筑工房/2000年创立Suppose design office建筑设计事务所/2014年创立SUPPOSE DESIGN OFFICE/2017年公司食堂・绝景房地产・21世纪工务店开业/目前担任穴吹设计专科学校特任讲师、广岛女学院大学客座教授、大阪艺术大学副教授

吉田爱（YOSHIDA・AI）

1974年出生于广岛县/1994年毕业于年穴吹设计专科学校/1994起就职于井筒/1996年—1998年就职于KIKUCHI DESIGN/2001年起就职于Suppose design office建筑设计事务所/2014年创立SUPPOSE DESIGN OFFICE/2017年公司食堂・绝景房地产・21世纪工务店开业

Un.C. – Under Construction –（项目详见第80页）

●向导图登录新建筑在线：
http://bit.ly/sk1807_map

所在地：东京都中央区日本桥马喰町2-7-15
The Parklex日本桥马喰町7层
主要用途：事务所
所有人：三菱地所住宅

设计

负责人：马场正尊　大桥一隆　平岩祐季　福井亚启
设备：平本设备顾问
负责人：平本久

施工

建筑：三和建筑
负责人：小泉干夫
Moderm Apartment
负责人：吉田贺织
R Corporation
负责人：川口友和
家具：THROWBACK project
（Open A、NAKADAI）
用地面积：661.01 m^2
建筑面积：524.62 m^2
使用面积：3952.80 m^2
楼层面积：445.09 m^2
建蔽率：79.4%（容许值：100.0%）
容积率：527.36%（容许值：551.41%）
层数：地下1层　地上7层　阁楼1层

尺寸

最高高度：26 400 mm
房檐高度：25 000 mm

用地条件

地域地区：商业地区
道路宽度：西29 m　南15 m
停车辆数：5辆

结构

主体结构：钢筋混凝土结构
桩・基础：现打钢筋混凝土桩

设备

空调设备
空调方式：EHP方式
卫生设备
供水：接水槽+高架水槽方式
热水：局部方式
排水：污水・雨水合流方式
电力设备
供电方式：高压供电方式
预备电源：自家发电设备
防灾设备
防火：灭火器　室内消防栓　非活性瓦斯灭火设备
排烟：机械排烟
升降机
载人载物电梯×2台

工期

设计期间：2016年3—8月
施工期间：A工程：2016年5—10月
C工程：2016年10—11月

马场正尊（BABA・MASATAKA）

1968年出生于佐贺县/1994年早稻田大学建筑系研究生毕业/随后进入博报堂工作/1998年修完早稻田大学博士课程/杂志《A》主编/2003年创立Open A，进行建筑设计、城市规划、写作等/开始创办发现城市空地的网站"东京R房地产"/2008年起担任日本东北艺术工科大学副教授/现任东北艺术工科大学教授

大桥一隆（OHASHI・KAZUTAKA）

1977年出生于静冈县/2003年日本法政大学研究生毕业/同年参与创立Open A/现任Open A董事，东京R房地产艺术总监

平岩祐季（HIRAIWA・YUKI）

1981年出生于爱知县/2004年毕业于日本法政大学建筑系/随后任职于Open A

福井亚启（FUKUI・ATAKA）

1988年出生于石川县/2009年毕业于石川工业高等专科学校建筑系/2012年千叶大学工学院城市环境体系专业毕业/2014年早稻田大学创造理工学研究科建筑学专业毕业/同年任职于Open A

上：电梯门厅处放置架子，存放信息资料
下：从窗口眺望神田

两张图片提供：日本新建筑社摄影部

佐久间办公楼（项目详见第88页）

●向导图登录新建筑在线：
http://bit.ly/sk1807_map

所在地：岐阜县岐阜市佐久间町20
主要用途：事务所
所有人：大建设计

设计
负责人：铃木EIJI　住野裕树
大岩正辉　田中勇企　春日功助
结构：NAWAKENJIM
　负责人：名和研二　三浦洋辅
设备：yamada machinery office
　负责人：山田浩幸
监理：大建设计
　负责人：铃木EIJI　住野裕树
　大岩正辉

施工
建筑：栗山组　负责人：小林笃史
设备：大东　负责人：后藤晋也
电气：高桥电气工业　负责人：若山拓磨
家具：末永制作所
家具：（furnitechture）F-FURNITURE藤冈木材厂　杉山制作所　takiseworks
造园：园三　负责人：田畑了　三轮齐子

规模
用地面积：225.44 m^2
建筑面积：106.12 m^2
使用面积：357.92 m^2
地下1层：88.84 m^2
　1层：109.27 m^2/2层：101.94 m^2
　3 层：45.44 m^2/阁楼：12.43 m^2
标准层：101.94 m^2
建蔽率：47.07%（容许值：60%）
容积率：158.77%（容许值：200%）
层数：地下1层　地上3层　阁楼1层

尺寸
最高高度：9470 mm
房檐高度：8750 mm
层高：办公室：2500 mm
顶棚高度：办公室：2300 mm
主要跨度：2500 mm × 2500 mm

用地条件
地域地区：第2类居住地区　标准防火区域
道路宽度：东11.414 m　北5.339 m
停车辆数：3辆

结构
主体结构：钢筋骨架结构
桩・基础：板式基础

设备
空调设备
空调方式：风冷热泵空调
热源：电力
卫生设备
供水：自来水管直接供水方式
热水：燃气热水器
排水：建筑内：污水・杂排水分流方式
　室外：雨水分流方式
电力设备
防火：灭火器　紧急报警装置　疏散指示灯
排烟：自然排烟
其他：地板采暖设备

工期
设计期间：2016年1月—2017年1月
施工期间：2017年3月—2018年1月

外部装饰
屋顶：SUNNY DECK
外壁：MAX KENZO
开口部位：LIXIL

内部装饰
办公室
墙壁：LIFETEC
天花板：LIFETEC

主要使用器械
卫生器具：TOTO
照明器具：dyson　远藤照明　DNLIGHTING

铃木EIJI（SUZUKI・EIJI）

1954年出生于岐阜县/1977年毕业于驹泽大学法学专业/1987年至今就职于大建设计/2000年—2015年任大建met代表/现任大建设计代表，爱知淑德大学、大同大学外聘讲师

名和研二（NAWA・KENJI）

1970年出生于长野县/1994年毕业于东京理科大学理工学院建筑专业/1998年—2002年就职于EDH远藤设计室/1999年—2002年就职于池田昌弘建筑研究所/2002年创立NAWAKENJIM（SUWA architects + engineers建筑事务所）

UCLA寺崎研究中心（项目详见第96页）

●向导图登录新建筑在线：
http://bit.ly/sk1807_map

所在地：1018Westwood Blvd,Los Angles, CA 90024 USA
主要用途：事务所　研究室
所有人：Terasaki Research Institude

设计
建筑・监理　阿部仁史工作室
　负责人：阿部仁史　Pierre De Angelis
　Cecilia Brock　Cat Pham
　House＆Robertson Architects
　负责人：Jim House James Black
Silvija Olar Khristeen Decastro
结构：Buro Happold
　负责人：Patti Harburg Petrich
设备：Buro Happold
　负责人：Julian Parsely

Consultant
Skylight・Engineer：
　NOUS Engineering
照明设计：Buro Happold
天窗施工：EIDE Industries
眼状孔施工：Machineous Consultants
雨棚施工：Cinnabar
家具置办：Sheridan Group
Construction・manager：MGAC

施工
建筑：Taslimi Construction Company
　负责人：David Selna

规模
用地面积：819 m^2
建筑面积：671 m^2
使用面积：1170 m^2
　地下1层：308 m^2/ 1层：530 m^2
　2层：332m^2 / 标准层：530 m^2
建蔽率：82%（容许值：90%）
容积率：143%（容许值：200%）
层数：地下1层　地上2层

尺寸
最高高度：12 200 mm
房檐高度：10 700 mm
层高：地下：3600 mm　1层：3750 mm
　2层：3620 mm
顶棚高度：1层：3750 mm　2层：3630 mm
　多功能走廊：7770 mm
主要跨度：4877 mm × 4877 mm

用地条件
地域地区：商业地区　Westwood Village Specific Plan，Los Angeles Fire District 1
道路宽度：东6.096 m　西10.668m
停车辆数：3辆

结构
主体结构：钢筋骨架结构
桩・基础：现浇混凝土

设备
环保技术：CAL Green（加利福尼亚州）
空调设备
空调方式：新风机空调方式
热源：GHP・EHP商用中央空调
卫生设备
供水：加压供水泵组
热水：分别供给方式
排水：污水・杂排水分流方式
电力设备
供电方式：普通高压供电方式
设备容量：152 kVA
防灾设备
防火：自动洒水消防装置
升降机
乘客电梯：1800 kg × 1台

工期
设计期间：2014年1月—2015年7月
施工期间：2015年9月—2017年8月

工程费用
总工费：14亿日元

外部装饰
屋顶：Sika-Sikaplan Adhered Energysmart
天窗：Bristolite
建筑物前部分：AEP Span-Design Span
屋顶：Sika-Sikaplan Adhered Energysmart
开口部位：Arcadia

内部装饰
大会议室1　1层多功能走廊
地面：Stone Source-Studio Mate
办公室　2层走廊
地面：Terramai-Grato
天花板：Armstong-Ultima
1层多功能走廊
天花板：Saint-Gobian-Fabrasorb IA

阿部仁史（ABE・HITOSHI）

1962年出生于宫城县/1992年创办阿部仁史工作室/1993年攻读东北大学工学研究科建筑学专业博士课程，获博士（工学）学位/2002年-2007年任东北大学研究生院工学研究科都市・建筑学专业教授/2007年-2016年任UCLA艺术・建筑学院都市・建筑学科带头人/2007年至今任该大学教授/2010年至今任UCLA Paul I.and Hisako Terasaki日本研究中心所长

Pierre De Angelis

1997年毕业于瑞尔森大学/2002年获加利福尼亚建筑大学（SCI-Arc）硕士学位/2002年-2004年就职于Touraine + Richmond Architects/2004年-2009就职于Lorcan O'Herlihy Architects/2009年于Atelier Hitoshi Abe（洛杉矶）任高级会员及首席设计师

富冈市政厅（项目详见第106页）

●向导图登录新建筑在线：
http://bit.ly/sk1807_map

所在地：群马县富冈市富冈 1460-1
主要用途：市政厅办公楼
所有人：富冈市

设计

建筑：隈研吾建筑都市设计事务所
负责人：隈研吾　横尾实　吉田桂子
武田清明　堀木俊　神田刚　北谷启
佐藤晋平 *　Young Eun Lee
泉美奈子*　矶野千纮*（*原职员）
结构：江尻建筑结构设计事务所
负责人：江尻宪泰　藤田实　小谷松雄次
设备：森村设计
机械负责人：关口正浩
电力负责人：汤泽健　水谷贵俊　沟口舞
监理：隈研吾建筑都市设计事务所
负责人：隈研吾　横尾实　吉田桂子
武田清明　太田雄太郎

施工

建筑：TARUYA·岩井·佐藤 福冈市新官署建设工程企业联合体
负责人：出牛孝之　津久井孝二　中尾刚
饭塚日出喜　深泽祥之　樱井有纪
黛夏树
卫生：熊井户工业
负责人：森平房男　赤尾修央
空调：YAMATO
负责人：久保田雅哉
电力：KOSHIBA电机
负责人：中重康夫
井戸泽电机
负责人：神戸崇寿
成濑电力工程事务所
负责人：神戸拳
汤井电力
负责人：山内宏恭

规模

用地面积：8093.92 m^2
建筑面积：3867.56 m^2
使用面积：8681.70 m^2
1 层：3442.30 m^2/2层：3135.92 m^2
3 层：2028.18 m^2
建蔽率：47.79%（容许值：90%）
容积率：100.4%（容许值：400%）
层数：地上 3 层

尺寸

最高高度：13 840 mm
层高：13 195 mm
主要跨度：8000 mm × 10 000 mm

用地条件

地域地区：商业地区　富冈缫丝厂周边特定景观计划区域　无防火规制
道路宽度：东 14.29 m　北 5.1 m
停车辆数：71 辆

结构

主体结构：钢筋混凝土结构　一部分为钢筋结构
桩·基础：天然地基

设备

环保技术
自然通风　自然采光　房檐·外部百叶窗
防晒遮阳　雨水利用　热电联产系统
废热回收热源水变流量控制　LED 照明
人体传感器控制　居住区域空调（地板送风空调）　节水器具　雨水流出控制　空调·热源设备机器启动停止最优控制　需求控制
CASBEE（LEED），PAL等数值
PAL 值：260 MJ/（m^2·年）

空调设备
空调方式：地板送风空调机　FCU + HEU
PAC + HEU
热源：微型热电联产 + 废热回收型吸收式冷气热水机　PAC

卫生设备
供水：储水箱 + 加压供水泵方式
热水：局部供热水
排水：污水家庭排水合流雨水分流方式　重力式　抽水泵式

电力设备
供电方式：高压供电方式
设备容量：1050 kVA
额定电力：300 kW（设想）
预备电源：应急发电机

防灾设备
防火：室内灭火器设备　氮气灭火器设备
排烟：自然排烟

工期

设计期间：2012 年10月—2015年10月
施工期间：2016 年1月—2018年3月

工程费用

建筑：2 372 466 000 日元
空调·卫生：544 808 000 日元
电力：660 725 000 日元
总工费：3 840 550 000 日元

外部装饰

屋顶：新星商事
外壁：GREEN-DO
开口部：LIXIL　三协立山铝业
百叶窗：越井木材工业　LIXIL

内部装饰

入口大厅
地板：IROCK
墙壁：Japan Interior·Silk
会场
地板：山月
天花板：KAMISM
家具：Equipment & Facilities　天童木工
接待室
地板：山月
壁纸·天花板：t.c.k.w　富冈丝绸品牌协商会

隈研吾（KUMA·KENGO）

1954 年出生于神奈川县/1979 年修完东京大学建筑专业研究生院硕士课程/1985年—1986年担任哥伦比亚大学客座研究员/ 2001 年—2008 年担任庆应义塾大学教授/2009 年至今担任东京大学教授

msb田町 田町Station Tower S（项目详见第118页）

●向导图登录新建筑在线：
http://bit.ly/sk1807_map

所在地：东京都港区芝浦3-1-21
主要用途：事务所　店铺　停车场
所有人：三井不动产　三菱地所
街区整体事业主：东京燃气

设计

三菱地所设计·日建设计
建筑：三菱地所设计
项目总负责人：伊藤诚之　小西隆文
设计主管：山田晋
外观设计负责人：村松保洋　长泽辉明
丹司真人　松屋龙喜
结构负责人：吉原正 永田敦　吉泽克仁
设备：日建设计
电力负责人：岸克巳　石川升　水谷周
空调卫生负责人：堀川晋　白土弘贵
高辻量　及川晃一
外部结构：三菱地所设计
负责人：植田直树
监管：三菱地所设计
主管：小泉豪
负责人：川端慎也　石田宽人
设备：日建设计
负责人：福本启二　中西理幸　石川富夫　小林靖昌　桥本忠彦
外部装饰设计：KPF（Kohn Pedersen Fox Associates）
负责人：真壁光　古田英久　西乡燿子
景观设计：Place media
负责人：宫城俊作　吉田新　吉泽真太郎　女鹿裕介
照明设计：Lighting Planners Associates（LPA）
负责人：田中谦太郎　中村美寿
标牌设计：八岛设计
负责人：八岛纪明　山口俊
田町东口广场整备工事：
三菱地所设计
负责人：奥谷圭介　岩本隆志　大桥良乃介　长泽辉明　永田敦　原田翔太
山本玄　小泉豪　川端慎也
日建设计
负责人：吉泽聪
日建Civil
负责人：石川稔　河野悠纪　三星道广
饭田俊雄
DHC设计监管：日建设计

施工

建筑：大成建设
总负责所长：和泉笃志
作业所长：冈崎秀树　若林威宏　峯村和孝　塚原康平
负责人：宫地吾郎　近藤宪二　原崎孝幸　大西信介　堀口卫　大浦章伸　三村浩介　冲山和洋　堀江诚二郎　中村哲也　是石隆尚　小泽宽　加贺美长史　清水俊之　宫本和人　小泽一仁　小泉亭　太田垣守纪

规模

用地面积：11 663.63 m^2
建筑面积：8704.92 m^2
使用面积：150 056.36 m^2
地下1层：9290.37 m^2/1层：7434.60 m^2
2层：5429.16 m^2　阁楼：370.06 m^2
标准层：4075.39 m^2
建蔽率：74.63%（容许值：74.63%）

G-BASE田町（项目详见第128页）

●向导图登录新建筑在线：
http://bit.ly/sk1807_map

所在地：東京都港区芝5-29-11
主要用途：事务所　店铺　停车场
所有人：三井不动产　清水建设

设计

设计·监理：清水建设
总监：竹内雅彦　小山裕之
建筑负责人：鼻戸隆志　国立笃志
三角兼一郎　宫崎浩英　小野岛新
下坂裕美
结构负责人：岛崎大　久保山宽之
津曲敬　关根贵志
设备负责人：高桥满博　波江野宏
堀哲也　深野纯一　泷上枉
町泽真一朗　松尾昌一　田川章裕
加藤勇树
监理负责人：龙泽宽刚
设计监修：佐藤尚巳建築研究所
负责人：佐藤尚巳
结构监理监修：山下设计
负责人：冈部笃
室内·景观：FIELDFOUR DESIGNOFFICE：
室内负责人：大久保敏之
高桥麻利子
景观负责人：坂卷直子
大山奈津美
艺术设计：山崎若菜
外观照明设计：ICE都市环境照明研究所
负责人：武石正宜　加藤由子
入口幕布天花板照明：KOMADEN
负责人：小林祥之　中村大和

施工

清水建设
作业所长：饭塚实
建筑负责人：柴田忠志　酒卷健司
藤本泰敬　织户贵之　北村和也
正道照奈　增田隆利　黑川绘美
土田大凤　三井由美香　浅见晋吾
设备负责人：山口让治
木结构负责人：平塚仁志　下村尚司
高木里绘

规模

用地面积：2331.34 m^2
建筑面积：1460.57 m^2
使用面积：18 242.07 m^2
1层：1793.87 m^2/2层：1364.22 m^2
标准层：977.17 m^2
建蔽率：62.65%（容许值：80%）
容积率：699.85%（容许值：700%）
层数：地上18层

尺寸

最高高度：83 010 mm
房檐高度：80 260 mm
层高：事务室：4150 mm
主要跨度：12 600 mm × 12 600 mm

用地条件

地域地区：城市规划区域内（城镇化区域）
防火地域：三田街周边景观形成特别地区
第2种文教地区
道路宽度：东4.0 m　西30.0 m　南33.0 m
停车辆数：43辆

容积率：1103.25%（容许值：1103.25%）
层数：地下2层　地上31层　阁楼1层

尺寸

最高高度：167 000 mm
房檐高度：153 600 mm
层高：办公室：4300 mm
顶棚高度：办公室：2800 mm
主要跨度：7200 mm × 7200 mm

用地条件

地域地区：标准工业地区　商业地区　防火地区
田町站东口北地区地区规划区域（Ⅱ-2街区）
道路宽度：西41.08 m　南20.0 m　北9.0 m
停车辆数：299辆

结构

主体结构：地上：钢架结构（柱子一部分为CFT结构）
地下：钢架钢筋混凝土结构（一部分为钢筋混凝土结构）
桩・基础：桩基础

设备

环保技术

Low-E玻璃　遮阳板　用地内/屋顶绿化　标准层其他LED照明　高效率变压器　照明亮度/感传感器　高效率电动机　大温度差（10℃）+VVVV　空调换气VAV　户外空气冷气设备CO・/CO换气量调节　BEMS　智能能源网络联合　雨水/DHC冷却塔排水/空调排水管水/厨房排水的循环利用　节水型器材　雨水浸透流出调节
CASBEE:S级（自我评价）
BEST-PAL*：378.65（-20.4%）
BEST-BEI:0.55(开工时)

空调设备

空调方式：标准层分区Interior perimeter样式空调机+VAV方式　商业部外调机+FCU方式
热源：从邻接街区接受DHC冷水热水供给

卫生设备

供水：饮用水/工业用水供给，低层加压供水+高层重力供水（一部分为辅助加压）方式
热水：标准层局部电力方式　低楼层局部燃气燃烧方式
排水：厨房排水・污水・杂排水分流方式

电力设备

供电方式：特别高压66kV　主线・备用线供电方式
设备容量：20 000kVA × 2台
备用电源：紧急时使用室内燃气轮机发电机
2500kVA × 1台（DHC）
1000kVA × 1台（专烧油）

防灾设施：自动火灾报警器　紧急照明　紧急广播　指引灯　紧急插座　紧急电话
防火：室内消火栓　湿式SP　放水型SP　连接送水管　消防用水　停车场气泡灭火　氮气灭火
排烟：低楼层消防法排烟　附加室第2种推出排烟　一般部分日本《建筑基本法》第3种排烟
其他：避雷设备

升降机

高楼层使用：限乘24人（180 m/min）× 4台
限乘27人（210 m~360m/min）× 21台　限乘13人（150 m/min）× 1台
低楼层使用：限乘20人（105 m/min）× 2台
限乘20人（90 m/min）× 2台
紧急时使用（兼理货用）：限乘24人（180 m/min）× 1台　限乘36人（180 m/min）× 1台
低楼层理货用：限乘24人（60 m/min）× 2台
限乘20人（105 m/min）× 2台

特殊设备：厨房排水工业用水制造设备　机械停车设备（水平循环传送带方式・水平循环方式）

工期

设计期间：2012年5月—2015年9月
施工期间：2015年10月—2018年5月

山田晋（YAMADA・SUSUMU）

1967年出生于神奈川县/1991年毕业于日本大学理工学院建筑系/1991年—2001年就职于三菱地所/2001年就职于三菱地所设计/现任三菱地所设计建筑设计一部领头建筑设计师

长泽辉明（NAGASAWA・TERUAKI）

1975年出生于东京都/2000年获得东京大学研究生院建筑学硕士学位/2000年—2001年就职于三菱地所/2001年就职于三菱地所设计/现任三菱地所设计建筑设计一部领头建筑设计师

松屋龙喜（MATUYA・RYUKI）

1985年出生于神奈川县/2009年毕业于东京理科大学工学院建筑系/2009年就职于三菱地所设计/现任三菱地所设计建筑设计一部建筑设计师

结构

主体结构：钢筋结构（柱CFT结构）　一部分为钢筋混凝土结构
桩・基础：拧入式钢管混凝土桩基础

设备

空调设备

空调方式：商用中央空调 + 直膨式全热交换器
热源：电力式风冷热泵空调
卫生设备
供水：直连增压 + 屋顶储水箱方式
热水：局部供热水（热水存储式电力热水器）方式
排水：屋内：污水・家庭排水分流式
屋外：污水・家庭排水合流　雨水分流方式

电力设备

供电方式：高压2次接线
主线・预备电源供电方式
设备容量：1 ϕ 1100 kVA　3 ϕ 1800 kVA
额定电力：600 kW
预备电源：应急高压内燃机发电机　625kVA

防灾设备

防火：室内灭火器设备　自动喷水灭火系统
连接输水管设备：泡沫灭火器　氮气灭火器
排烟：机器排烟・自然排烟并用
其他：应急发电机　应急照明设备　疏散指示灯　应急广播设备　应急插座设备　火灾自动报警系统　总控制台

升降机：载客电梯定员18人 × 4台
应急兼载客电梯 × 1台

工期

设计期间：2015年8月—2016年2月
施工期间：2016年3月—2018年1月

内部装饰

事务室

墙壁：山月

入口大厅

墙壁・天花板：mako

标准楼层电梯大厅

墙壁：山月

佐藤尚巳（SATO・NAOMI）

1955年出生于东京都/1979年毕业于东京大学工学院建筑专业/1988年修完哈佛大学设计学院研究生院硕士课程/1979年—1986年就职于菊竹清训建筑设计事务所/1988年—1990年就职于I.M.Pei&Partners/1990年—1996年就职于RafaelVinoly建筑士事务所/1996年成立佐藤尚巳建筑研究所

竹内雅彦（TAKEUTI・MASAHIKO）

1960年出生于长野县/1984年毕业于早稻田大学理工学院建筑专业/1986年修完早稻田大学研究生院理工学研究课建筑设计工学课程后，就职于清水建设/现任该公司设计总部业务设施设计部部长

小山裕之（KOYAMA・HIROYUKI）

1969年出生于东京都/1992年毕业于早稻田大学理工学院建筑专业/1994年修完早稻田研究生院理工学研究科建设工学课程后，就职于清水建设/现任该公司设计总部商业・负荷设施设计部组长

宫崎浩英（MIYAZAKI・HIROHIDE）

1981年出生于大阪府/2005年毕业于山口大学工学院感性设计工学专业/2007年修完早稻田大学研究生院理工学研究科建筑学课程后，就职于清水建设/现就职于该公司设计总部业务设施设计部

大久保敏之（OKUBO・TOSIYUKI）

1969年出生于神奈川县/1992年毕业于多摩美术大学美术学院立体设计专业/1992年—1998年就职于清水建设建筑建筑设计总部/1998年就职于FIELDFOURDESIGNOFFICE/2016年至今就读于多摩大学研究生院经营信息学研究科

COLONY箱根 （项目详见第136页）

●向导图登录新建筑在线：
http://bit.ly/sk1807_map

所在地：神奈川县足柄下郡箱根町仙石原字六郎兵卫1246~845他

主要用途：住宿设施　研修旅馆

所有人：COLOPL

设计

建筑：冈部宪明Architecture Network

负责人：冈部宪明　宫坂知明　山口浩司*　森山智就*（*提议）

室内装饰设计　三井Designtec

负责人：三浦圭太　横川顺子

结构：宫田结构设计事务所

负责人：山内哲理　宫原智惠子

设备：Arup

负责人：桥田和弘　岩元早纪

监管：冈部宪明Architecture Network

负责人：宫坂知明

施工

建筑：曰幸产业

负责人：大庭正美

空调・卫生：仁和工业

负责人：渡边亮久

电力：新明电设

负责人：高桥清

规模

用地面积：17 545.11 m²（开发区域用地5885.63 m²）

建筑面积：1221.19 m²

使用面积：2088.16 m²

住宿楼1层：1027.07 m²/2层：938.5 m²

男子浴室楼：72.88 m²

女子浴室楼：49.71 m²

建蔽率：20.75%（容许值：40%）

容积率：35.20%（容许值：80%）

层数：住宿楼：地上2层　浴室楼・连接通道楼：平房

尺寸

最高高度：9724 mm

房檐高度：8116 mm

层高：办公区域室：4650 mm

顶棚高度：办公区域：3650 mm~5450 mm

1层客房・日式房间：2950 mm~3750 mm

客房・前室：办公空间：2200 mm

休息室（会议室）：2400 mm~3010 mm

特殊房间客房：2400 mm~3900 mm

主要跨度：7145 mm

用地条件

地域地区：第2种低层住所专用地区　自然公园法第2种特别地区B区域　日本《建筑基准法》第22条区域　第2种观光地区

道路宽度：西北4.8 m　西8 m　东北4 m

停车辆数：33辆

结构

主体结构：住宿楼：钢架结构　浴室楼：钢筋混凝土结构　一部分为木结构　连接通道楼：木结构

桩・基础：住宿楼・连接通道楼：独立地基　浴室楼：条形基础

设备

环保技术

BPIm＝1.00 BEIm＝0.63（根据日本《建筑基准法》的评价结果）

空调设备

空调方式：空冷热泵组合方式（供暖增强型）＋户外空气处理空调机

卫生设备

供水：高位水箱＋加压供水方式

热水：中央供给热水方式（LPG锅炉＋存储热水槽）

排水：自然流下方式（室内合流）

燃气：LPG集液罐（Bulk Tank）980kw

电力设备

供电方式：单回线送电方式

设备容量：525kVA

防灾设备

防火：组合式消火设备

排烟：自然排烟

其他：灭火器　起火警报　紧急照明

升降机：客梯 限乘11人（60 m/min）×1台

客梯 限乘3人（20 m/min）×1台

特殊设备：水源过滤设备　浴池过滤设备

工期

设计期间：2014年11月—2016年11月

施工期间：2016年4月—2017年3月

外部装饰

住宿楼

外墙壁：AICA工业

开口部：KIMADO

中庭：三共立山

浴室楼

外墙壁：AICA工业

屋外

门廊地面：HANDY TECHNO

内部装饰

避风室

地面：ADVAN

墙壁：名古屋MOSAIC工业

门厅

墙壁：名古屋MOSAIC工业

活动空间

地面：望造

墙壁：名古屋MOSAIC工业

客房・前室工作区域

地面：MARUHON

墙壁：SINCOL

地面：积水成型工业

墙壁：客房墙壁：SINCOL

洗漱・卫生间：山月

客房・阁楼

地面：阁楼・客房内：山月

墙壁：SINCOL

客房・卫生间

地面：田岛ROOFING

墙壁：山月

2层休息室（会议室）

地面：望造

墙壁：RUNON

特殊房间（客房）

地面：MARUHON

墙壁：丽彩　KAMISM　AIZE

天花板：山月

洗漱・淋浴间

地面：RIVIERA

墙壁：MARISTO

露台・露天浴池

地面：HANDY TECHNO

墙壁：MARISTO

走廊

2层地面：matrix

2层墙壁：SINCOL

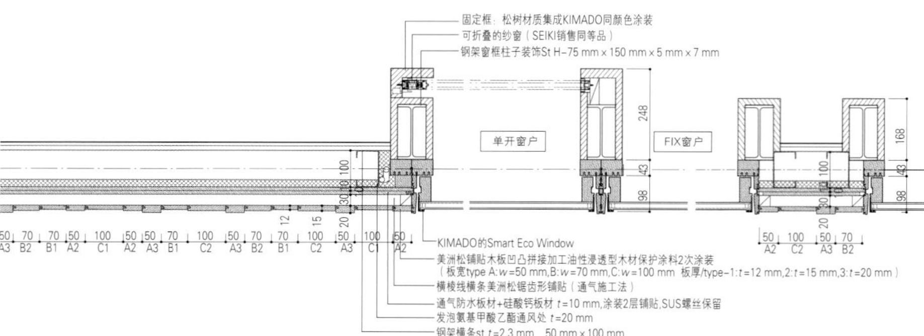

外墙壁平面详图　比例尺 1:20

冈部宪明（OKABE・NORIAKI）

1947年出生于静冈县/1971年毕业于早稻田大学理工学院建筑系/1973年由法国政府提供助学金，作为研修生赴法国留学/1974年就职于PIANO+ROGERS /1977年与伦佐・皮亚诺(Renzo Piano)一起工作/1981年担任Renzo Piano Building Workshop（Paris）巴黎事务所的领头建筑师 /1988年成立Renzo Piano Building Workshop Japan，并担任代表一职/1995年担任冈部宪明Architecture Network代表/1996年—2016年担任神户艺术工科大学教授

宫坂知明（MIYASAKA・CHIAKI）

1962年出生于长野县/1986年毕业于日本大学理工学院建筑系/1986年—1994年就职于棚桥广夫＋AD－Network建筑研究所（Architects and Designers Network INC.）/1999年就职于冈部宪明Architecture Network

AVEX大厦（项目详见第144页）

●向导图登录新建筑在线：
http://bit.ly/sk1807_map

所在地：东京都港区南青山3–1–30
主要用途：办公室　店铺　停车场
所有人：AVEX
CMr:山下PMC
设计·监理
建筑：大林组
统筹：贺持刚一
建筑总负责人：上原耕　松冈兼司　天川拓也　福田辽　宿田惠
建筑结构负责人：江村胜　浅冈泰彦
设备负责人：沼田和清　鹤见进一　细井隆行　浅田昌彦　山口朋信　片山美怜
监理负责人：清水良成　杉山英夫　大西宏治　清家久雄
室内装修企划：TRANSIT GENERAL OFFICE
施工
大林组　统筹：长谷川靖洋
建筑负责人：宇贺神文郎　田中博文　铃木祐介　大家摄子
设备负责人：富原信之
事务负责人：吉田秀德
规模
用地面积：5065.79 m^2
建筑面积：2399.56 m^2
使用面积：28 344.20 m^2
地下2层：1673.75 m^2
地下1层：2232.66 m^2
1层：1651.91 m^2/2层：1199.87 m^2
阁楼层：38.43 m^2
标准层：1451.93 m^2
建蔽率：47.37%（容许值：91.10%）
容积率：493.19%（容许值：493.24%）
层数：地下2层　地上18层　阁楼1层
尺寸
最高高度：101 459 mm
房檐高度：100 209 mm
层高：4400 mm
顶棚高度：7200 mm × 16 800 mm
用地条件
地域地区：商业区域　近邻商业区域　第2种住居区域　防火区域
道路宽度：西39.7 m　南3.68 m　东3.45 m
停车辆数：61辆
结构
主体结构：钢筋混凝土结构 一部分为钢架钢筋混凝土结构
桩·基础：直接基础　一部分钢管桩
设备
环保技术
屋顶绿化　LED照明　水资源再利用（雨水）废热供热的系统（废热再利用）
太阳光自动感受照明控制系统　人体感受器照明控制　简易通风装置　以现有结构为基础，在防止土砂塌陷工程中时削减CO_2排放量　PAL*5.259 MJ/m^2·年　BEI=0.69
空调设备
空调方式：标准层室内装饰：各层空调机单一导管变风方式　集中空气处理空调机（全热交换机内藏）给各层供暖　标准层周边采暖：空气源热泵多功能空调设置
热源：通常：280 RT × 2台涡轮式制冷机：300 RT
空气源热泵冷却装置：计97 RT
PAC：冷气设备2300 kW
卫生设备
供水：储水槽＋加压供水
热水：电力及煤气
排水：日常污水：地上楼层直接放流　地下楼层储水加压放流
雨水：过滤再利用
电力设备
供电方式：6.6kV高压2回线供电（干线，预备线）
设备容量：1100kW
预备电源：紧急用发电机：625kVA A重油燃料小出槽1950L　主燃料槽容量24 000L
中压煤气（高耐震性煤气配管）紧急用发电设备
防灾设备
防火：自动洒水灭火装置　室内消防栓　连接输水管设备（地下1层、3层以上各层）　氮气灭火设备　泡沫灭火装置　灭火器　灭火水槽
排烟：机械排烟　自然排烟
升降机：乘用电梯24人乘用 × 6台
紧急用电梯30人乘用 × 1台
ESC1000型30°　× 2台
机械式停车设备：拼图式
工期
设计期间：2014年1月—2015年6月
施工期间：2015年7月—2017年9月
内部装饰
开口部：YKK AP
外部结构：太阳ecobloxx
主要使用器械
家具：标准层：OKAMURA

贺持钢一（KAMOCHI · GOICHI）

1960年生于东京/1983年毕业于早稻田大学理工学部建筑专业/1983年入职大林组/1989年修完宾西法尼亚大学硕士课程/现任大林组执行董事设计总部部长

上原耕（UEHARA · KO）

1967年生于兵库县/1991年毕业于神戸大学工学部建筑专业/1991年入职大林组/1993年毕业于ESMOD JAPON 大学/现任大林组设计总部设计企划部部长

松冈兼司（MATUOKA · KENJI）

1974年生于爱知县/1998年毕业于早稻田大学理工学部建筑专业/ 2000年修完早稻田大学研究生院理工学研究科硕士课程/ 2000年入职大林组/现任大林组设计总部开发设计部课长

铝制幕墙——呈现出一个端庄的外观

这个扇形拱和窗扇的支撑垂直木材是一体的，这样可以减轻支撑材料的压力。将压边设计成黑色，金属色的窗扇边缘就会立刻变得醒目，整个建筑物呈现出一种纤细端庄的样貌。（松冈兼司/大林组）

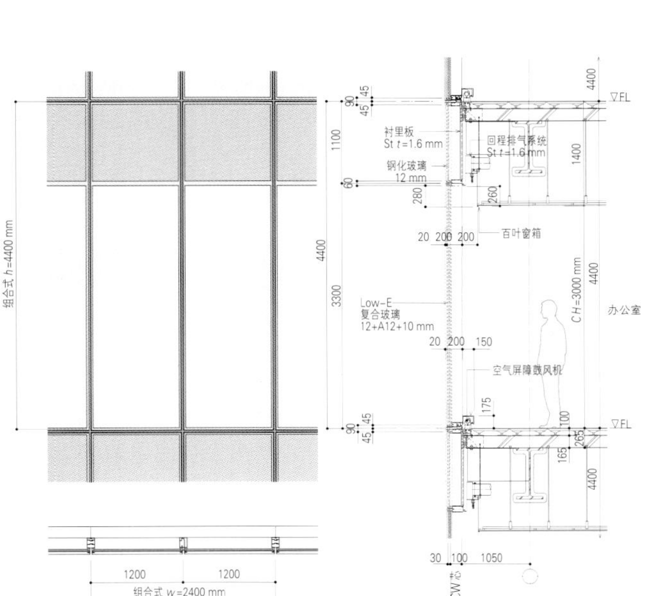

ACW平面・立面图　比例尺1:100

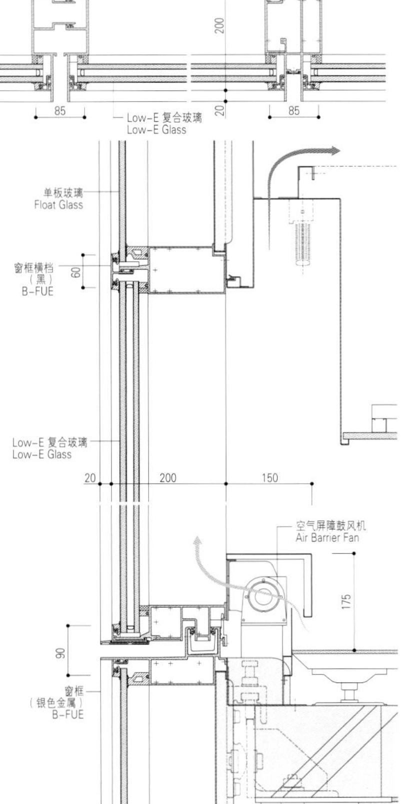

ACW平面　比例尺1:6

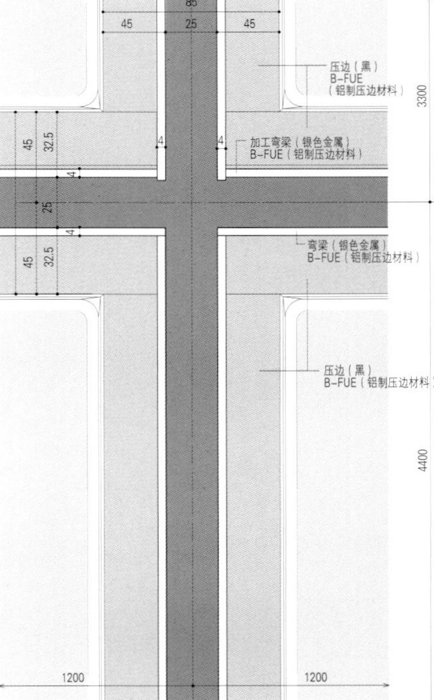

放大立面图　比例尺1:4

华歌尔新京都大厦（项目详见第152页）

●向导图登录新建筑在线：
http://bit.ly/sk1807_map

所在地：京都府京都市南区西九条北之内町6
主要用途：办公室　展示厅
所有人：WACOAL HOLDINGS

设计・监理
综合监理・设计监修　Youcorpo
负责人：小西敏治　武内淳花
飞岛建设
统筹：冈本和幸
建筑负责人：榊昭雄　工藤惠美子
孙美善
结构负责人：森和久　大泽健　仲井美穗
设备负责人：竹内勝成　小菅博史
道家早纪

施工
飞岛建设
建筑负责人：地藏秀树木　山本和义
仓桥哲也　黑田智之　后藤隆之
小久保忍　三好胜也　东居宽明　南结理子
设备负责人：二木龙一郎　石田泰之

规模
用地面积：2908.81 m^2
建筑面积：2036.34 m^2
使用面积：15 742.54 m^2
地下1层：1906.21 m^2/ 1层：1987.52 m^2
2层：1744.88 m^2/ 7层：2006.02 m^2
阁楼：96.47 m^2/标准层：1992.86 m^2
建蔽率：70.01%（容许值：100%）
容积率：486.12%（容许值：606.24%）
层数：地下1层　地上7层　阁楼1层

尺寸
最高高度：30 980 mm
房檐高度：30 230 mm
层高：4150 mm~5400 mm
顶棚高度：2400 mm~3600 mm
办公室：2800 mm
主要跨度：7200 mm × 7200 mm

用地条件
地域地区　商业地区
道路宽度：西31.20 m　南6.0 m　北38.10 m
停车辆数：10辆

结构
主体结构：钢筋混凝土结构　一部分为钢架钢筋混凝土结构
桩・基础：直接基础

设备
环保技术
太阳能发电设备
CASBEE京都　S级（BEE值3.1）
空调设备
空调方式：空冷直膨式空气调节装置　煤气热泵空调　电力热泵空调
热源：电力　煤气
卫生设备
供水：自来水：储水槽 + 加压供水方式
其他用水：井水槽内储水 + 加压供水
热水：局部供给
排水：屋内污水杂排水合流方式　屋外污水杂排水雨水分流方式
电力设备
供电方式：6.6 kVA　架空线用高压1回线
设备容量：1400 kVA
预备电源：紧急用・防灾用发电机　455kVA
防灾设备
防火：室内消火栓　泡消火设备　连接送水管　连接散水栓　消火器　厨房用自动灭火装置
排烟：以避难安全检证法为基础排烟
地下1层大厅机械排烟
其他：生活垃圾处理设备
升降机：乘用电梯26人乘 × 3台
紧急用电梯20人乘 × 1台

工期
设计期间：2013年10月—2014年10月
施工期间：2014年11月—2016年7月

外部装饰
外壁：aica-tech建材
开口部：不二窗框　YKK AP

内部装饰
办公室办公场所
地面：TOLI
墙壁：TOLI

小西敏治（KONISHI・TOSHIHARU）

1947年出生于京都府/1971年毕业于东京理科大学工学部经营工学科/ 1987年设立Youcorpo公司/ 2003年修完龙谷大学研究生院经营学研究科课程/现任该公司董事长

武内淳花（TAKEUCHI・JYUNKA）

1979年出生于京都府/2004年毕业于立命馆大学文学部英美文学专业/ 2004年入职Youcorpo公司/现任该公司董事

榊昭雄（SAKAKI・AKIO）

1965年出生于北海道/1989年毕业于东京理科大学理工学部建筑专业/ 1989年入职飞岛建设/现任该公司建筑事业总部建设接待部课长

工藤惠美子（EMIKO・KUDOU）

1968年出生于东京都/1991年毕业于日本大学理工学部海洋建筑专业/1991年入职飞岛建设/现任该公司建筑事业总部建筑事业统括部创意设计G科长

小菅博史（HIROSHI・KOSUGA）

1967年出生于东京都/1991年毕业于千叶工业大学工学部建筑专业/ 1991年入职飞岛建设/现任该公司建筑事业总部建筑事业统括部建筑设备G科长

四张图片提供：飞岛建设

左上：卷帘，百叶窗拉起时的外观/右上：傍晚景观。室内露出网格状照明/下面两幅图：夜景。百叶窗放下时的灯光表演。左下是展示企业形象的银白色灯光。右下是根据不同季节设计的不同灯光效果

Prototyping in Tokyo展 会场内观 （项目详见第160页）

●向导图登录新建筑在线：
http://bit.ly/sk1807_map

所在地： 巴西 圣保罗市保利斯塔大道52号 JAPAN HOUSE Sao Paulo 3层
主要用途： 展会
主办方： JAPAN HOUSE Sao Paulo
展会总监： 山中俊治
企画・制作： 东京大学山中俊治研究室
负责人：山中俊治 村松充 杉原宽 阪本真 大长将之 佐藤翔一
作品制作：东京大学山中俊治研究室
九代目玉屋庄兵卫
SPLINE DESIGN HUB
会期：2018年3月27日—5月20日

设计

建筑：万代基介建筑设计事务所
负责人：万代基介 板谷优志
计算形状模拟演示：木内俊克
结构顾问：平岩构造计划
负责人：平岩良之
平面设计：冈本健设计事务所
负责人：冈本健 山中港

监理 万代基介建筑设计事务所
负责人：万代基介 板谷优志

施工

筹备：N.Brandão Empresa de Arquitetura e Cenografia
展示什器制作：D BRAIN
金属器具制作：菊川工业
展示物制作：东京大学山中俊治研究室
九代目玉屋庄兵卫 SPLINE DESIGN HUB
作品制作合作伙伴：DENSO /DENSO WAVE
公益财团法人弘济会义肢装具援助中心
SIP：MIAMI Project 高桑早生

规模

展示面积：276.22 m²

尺寸

展示台高：745 mm ~ 839 mm
展示台台面尺寸：840 mm × 5150 mm × 3台
840 mm × 8500 mm × 4台

工期

设计期间：2017年8—2017年11月
制作期间：2017年12月
输送期间：2018年1—2018年3月
施工期间：2018年3月

装饰

桌面印刷：Yupo Corporation

使用向导

JAPAN HOUSE 巡回展
山中俊治「Prototyping in Tokyo」展
巡回日程
JAPAN HOUSE Sao Paulo
2018年3月27日—2018年5月20日
JAPAN HOUSE Los Angeles
2018年8月17日—2018年10月10日
JAPAN HOUSE London
2019年1月—2019年3月（预计）

万代基介（MANDAI・MOTOSUKE）

1980年出生于神奈川县/2003年毕业于东京大学工学部建筑专业/2005年修完东京大学研究生院工学系研究科建筑学硕士课程/2005年—2011年任石上纯也建筑设计事务所勤务/2012年创立万代基介建筑设计事务所/2012年—2015年横浜国立大学研究生院Y-GSA设计助手/2016年至今任东京大学特聘讲师

左图提供者：万代基介建筑设计事务所 右图提供者：东京大学生产技术研究所 山中俊治研究室

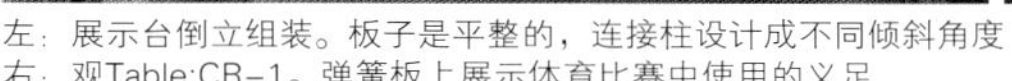

左：展示台倒立组装。板子是平整的，连接柱设计成不同倾斜角度
右：观Table:CR-1。弹簧板上展示体育比赛中使用的义足

PROFILE

藤森照信（FUJIMORI・TERUNOBU）

1946年出生于长野县/1971年毕业于东北大学工学院建筑学系/1978年取得东京大学硕士学位/1998年—2010年任东京大学教授/2010年—2014年任工学院大学教授/2010年任东京大学名誉教授/目前任东京都江户东京博物馆馆长

藤村龙至（FUJIMURA・RYUJI）

图片提供：新津保建秀

1976年出生于东京都/2000年毕业于东京工业大学工学院社会工学系/2002年取得东京工业大学研究生院理工学研究科建筑学专业硕士学位/2002年—2003年任荷兰贝尔拉格学院特别研究员/2005年任藤村龙至建筑设计事务所（现RFA）带头人/2008年修完东京工业大学研究生院理工学研究科建筑学专业博士课程学分并退学/2010年—2016年任东洋大学专职讲师/2016年事务所更名为RFA/2016年任东京艺术大学副教授

深尾精一（FUKAO・SEIICHI）

1949年出生于东京都/1971年毕业于东京大学工学部建筑学系/1976年修完东大研究生院工学系研究科建筑学专业博士课程（工学博士）/同年入职于早川正夫建筑设计事务所/1977年成为东京都立大学工学部建筑系副教授/1995年升为教授/2005年开始担任首都大学东京（东京都立大学等合并而成）都市环境学院教授/任职至2013年退休，现为名誉教授

饗庭伸（AIBA・SHIN）

1971年出生于兵库县/毕业于早稻田大学理工学部建筑系/2017年开始担任首都大学东京教授/专业为都市规划与城区建设/曾参与山形县鹤冈市、岩手县大船渡市、东京都世田谷区等城区建设

中山英之（NAKAYAMA・HIDEYUKI）

1972年出生于福冈县/1998年毕业于东京艺术大学美术学院建筑科/2000年修完该学校美术研究科建筑专业硕士课程/2000年—2007年就职于伊东丰雄建筑设计事务所/2007年创立中山英之建筑设计事务所/现担任东京艺术大学美术学院建筑科副教授

连勇太朗（MURAJI・YUTAROU）

1987年出生于神奈川县/2012年修完庆应义塾大学研究生院政策・媒体研究科硕士课程/2012年设立"MOKU-CHIN计划"，担任代表理事/现担任庆应义塾大学研究生院特任助教、横滨国立大学研究生院客座助教

松岛润平（MATUSHIMA・JYUNBEI）

1979年出生于长野县/2003年毕业于东京工业大学工学部建筑学科/2005年修完东京工业大学研究生院理工学研究科建筑学专业硕士课程/2005年—2011年任职于隈研吾建筑都市设计事务所/2011年设立松岛润平建筑设计事务所/2012年至今为东京工业大学研究生院理工学研究科建筑学专业博士在读

理事单位

火热招募中

《景观设计》杂志拥有广泛、全面的发行渠道，全国各地邮局均可订阅，新华书店及大部分大中城市建筑书店均有销售，可有效递送至目标读者群。客户可以设计新颖、独特的广告页面，宣传企业形象，呈现公司理念，彰显设计魅力。

加入《景观设计》理事会，您将享有以下权益:

- 杂志设专页刊登公司 Logo；
- 杂志官方网站免费做一年的图标链接及公司的动态信息宣传；
- 杂志微信、微博等新媒体上可定期免费推送；
- 全年可获赠 6P 广告版面，并获赠《景观设计》样刊；
- 推荐一位负责人担任本刊编委，并可免费参加我社组织召开的年会等相关活动；
- 可优先发表符合本刊要求的项目案例；
- 可优先为公司制作专辑，安排人物专访；
- 在我社主办或参与的所有行业活动上，将免费为理事会成员单位进行宣传；
- 理事会成员单位参与由我社组织的学术交流及考察，将享有大幅优惠；

……

景观设计 LANDSCAPE DESIGN
www.landscapedesign.net.cn

景观设计 LANDSCAPE DESIGN

www.landscapedesign.net.cn

立足本土 放眼世界

Focusing on the Local, Keeping in View the World

《景观设计》（双月刊）创刊于2002年，是景观及城市规划设计领域首屈一指的国际性权威刊物。本刊由大连理工大学出版社与大连理工大学建筑与艺术学院联合主办，国内外公开发行，本刊图文并茂、中英双语以及国际大开本的精美装帧吸引了众多专业人士，可谓是最直观的视觉盛宴！

《景观设计》以繁荣景观创作、增进国内外学术交流为办刊宗旨，以“时代性、前瞻性、批判性”为办刊特征；以“立足本土·放眼世界”为其编辑定位；关注国际思维中的地域特征，即用世界的眼光来探索中国的命题。

《景观设计》强调本土特征中的国际化品质，目标是创建具有中国本土特色的具有国际水平的杂志，超大即时的信息容量也是其一大特征；本刊采用主题优先的编辑和组稿模式，常设有景观设计师和建筑师访谈、境外事务所专访、学术动态、国内外经典案例等精品栏目。

本刊详尽的信息、敏锐的市场触觉、清新的风格，在众多同类杂志中独树一帜，为景观设计师丰富和完善设计作品提供了一个理想的空间；为广告企业开拓市场、拓宽产品销路、提高企业形象提供了一个最有价值的展示平台；为中国城市景观设计、环境规划和城市建设等提供了专业化指导并产生深远影响。

淘宝

微店

单本定价 88 元 / 期	全年订阅 528 元 / 年

邮局征订：邮发代号 8-94

邮购部订阅电话：0411-84708943

大连市高新技术产业园区软件园路80号理工科技园B座1104室，邮编：116023

2018“中国最美期刊”

荣誉证书

大连理工大学出版社有限公司：

贵单位出版的《景观设计》2017年第4期入选2018年"中国最美期刊"。

特发此证，以兹鼓励。

中国（武汉）期刊交易博览会组委会

二〇一八年九月十四日

证书编号：2018ZM032

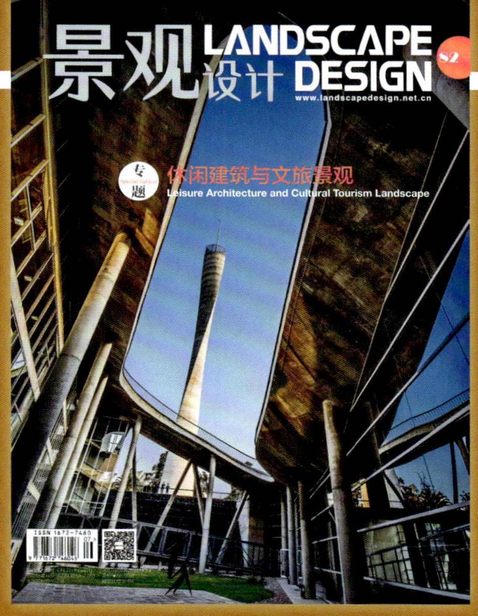

“中国最美期刊”项目创意来自于“世界最美的书”和“中国最美的书”。“世界最美的书”是由德国图书艺术基金会主办的评选活动，距今已有近百年历史，代表了当今世界书籍艺术设计的最高荣誉。“中国最美的书”是由上海市新闻出版局主办的评选活动，以书籍设计的整体艺术效果与制作工艺和技术的完美统一为标准，评选出中国内地出版的优秀图书20本，授予年度“中国最美的书”称号并送往德国参加“世界最美的书”的评选。

“中国最美期刊”遴选活动是中国（武汉）期刊交易博览会重要活动之一，活动由中国（武汉）期刊交易博览会组委会于2014年发起主办，中国期刊协会所属中国期刊年鉴杂志社具体承办。活动定位于期刊视觉艺术设计，以期刊设计的整体艺术效果、制作工艺与技术的完美统一为标准，通过网络公众投票和专家遴选相结合，遴选出印刷制作精美、艺术格调高雅、艺术形式新颖的优秀期刊，并授予年度“中国最美期刊”称号。目前，“中国最美期刊”遴选活动成功举办了四届，共遴选出399种期刊，形成了“中国最美期刊方阵”，受到广大读者的广泛好评，对推动我国期刊装帧设计和制作水平的提高及绿色印刷工艺的应用等都发挥了积极作用。

2018年9月15日，2018“中国最美期刊”和“期刊数字影响力100强”遴选结果在“第六届亚太数字期刊大会暨2018中国期刊媒体国家创新发展论坛”的会议现场正式公布。中国期刊协会会长吴尚之、湖北省新闻出版广电局局长张良成、原国家新闻出版广电总局新闻报刊司司长李军、中国期刊协会常务副会长兼秘书长余昌祥、湖北省新闻出版广电局副局长胡伟等领导为入选期刊的代表颁发荣誉证书，并对获奖期刊给予了高度评价：这些入选期刊在坚持正确政策方向、坚持正确舆论导向的前提下，文化品位高尚，艺术格调高雅，艺术形式新颖，具有独特的设计风格，出版与印刷符合国家有关标准规范，印装精美，对倡导推进绿色印刷工艺的应用具有创新意义。

电话：0411-84709075　传真：0411-84709035　E-mail：landscape@dutp.cn

新建築
株式會社新建築社，東京
简体中文版© 2019大连理工大学出版社
著作合同登记06-2018第351号

版权所有・侵权必究

图书在版编目(CIP)数据

建筑形态与都市印象 / 日本株式会社新建筑社编；肖辉等译. -- 大连：大连理工大学出版社, 2019.2
（日本新建筑系列丛书）
ISBN 978-7-5685-1801-7

Ⅰ. ①建… Ⅱ. ①日… ②肖… Ⅲ. ①城市建筑—建筑设计—日本—现代—图集 Ⅳ. ①TU2-64

中国版本图书馆CIP数据核字（2018）第288185号

出版发行：大连理工大学出版社
（地址：大连市软件园路80号　邮编：116023）
印　　刷：深圳市福威智印刷有限公司
幅面尺寸：221mm × 297mm
出版时间：2019年2月第1版
印刷时间：2019年2月第1次印刷
出 版 人：金英伟
统　　筹：苗慧珠
责任编辑：邱　丰
封面设计：洪　烘
责任校对：寇思雨

ISBN 978-7-5685-1801-7
定　　价：人民币98.00元

电　　话：0411-84708842
传　　真：0411-84701466
邮　　购：0411-84708943
E-mail：architect_japan@dutp.cn
URL：http://dutp.dlut.edu.cn

本书如有印装质量问题，请与我社发行部联系更换。